中青年经济与管理学者文库

家庭管理会计简论

——读懂家庭财务　实现财富自由

张成栋　著

中国财经出版传媒集团
中国财政经济出版社

图书在版编目（CIP）数据

家庭管理会计简论： 读懂家庭财务 实现财富自由／
张成栋著． ——北京：中国财政经济出版社，2020.2
（中青年经济与管理学者文库）
ISBN 978 - 7 - 5095 - 9586 - 2

Ⅰ．①家… Ⅱ．①张… Ⅲ．①家庭管理 - 会计 Ⅳ．
①TS976.15

中国版本图书馆 CIP 数据核字（2020）第 020632 号

责任编辑：康　苗　　　　　　　责任校对：徐艳丽
封面设计：陈宇琰

中国财政经济出版社 出版

URL：http：//www.cfeph.cn
E - mail：cfeph @ cfeph.cn
（版权所有　翻印必究）

社址：北京市海淀区阜成路甲 28 号　邮政编码：100142
营销中心电话：010 - 88191537
北京财经印刷厂印刷　各地新华书店经销
880 × 1230 毫米　32 开　8.75 印张　150 000 字
2020 年 4 月第 1 版　2020 年 4 月北京第 1 次印刷
定价：39.00 元
ISBN 978 - 7 - 5095 - 9586 - 2
（图书出现印装问题，本社负责调换）
本社质量投诉电话：010 - 88190744
打击盗版举报热线：010 - 88191661　QQ：2242791300

树立正确的财富观
开创家庭管理会计体系建设新局面

　　家庭，是最神奇的社会基层组织，为其成员提供一个共同的居所，也更因各成员联结成利益共同体而产生强大的发展运行动力。家庭作为一个社会基本组织的价值，在社会和文化视角下被不断挖掘，但很少被放在经济和管理会计视角下进行思考和审视。这无疑是一种缺憾，并且这种缺憾随着经济社会的发展而愈加凸显。

　　一方面，改革开放40多年来，家庭财富的增加使得家庭逐渐摆脱单纯社会组织的单一功能，从而具备更加重要的微观经济组织功能，家庭财富管理的需求十分强劲。另一方面，经济运行过程中发生的一些事件，如中美贸易摩擦、经济结构调整转型等导致发展不确定性的增加，对财富创造的影响从宏观经济总量到中观经济实体逐层传导，并最终影响到微观家庭。家庭财富管理的风险增多、难度加大，必要性和专业性的要求提高。苏联解体导致许多精英阶层陷入贫困就是历史给出的借鉴。由于家企不分，没有隔离风险，财富缩水甚至资不抵债，最终由富变穷，生计成为问题的人群数不胜数。

《家庭管理会计简论》弥补了家庭管理会计领域的缺憾，顺应了家庭财富管理的现实需求，是家庭管理会计领域的首创之作。本书是以会计数据精准计量为基础，以金融运作视角为突破，为家庭财富合理规划、家庭投资科学决策、家庭风险适度管控提供指导，对家庭财富发展状态和价值实现进行客观评价，是经济学、管理学、会计学、社会学、哲学等多学科融合的专著。论著首次提出家庭管理会计体系建设和建立家庭管理会计师制度的意见，将有效提升家庭价值实现水平，填补了家庭管理会计领域的学术空白，也使得家庭财富管理有方法、有方向。

本书借鉴财政部构建中国特色管理会计体系的指导意见，以家庭及家庭财富的发展规划为研究对象，创立家庭资产负债表、现金流量表、利润表，并建立一系列的分析比率指标：家庭杠杆率，家庭资产收益率，家庭流动比，家庭投资收益率，家庭收入债务比，现金比率等。对家庭预算、成本、收益、资产合理布局、价值计量等管理工具进行了系统阐释，运用家庭全面预算管理、家庭生命周期成本管理等工具，对家庭教育、养老、医疗、职业发展及心理咨询等家庭价值实现要素进行科学而通俗的分析，创造了以家庭资产负债表为基础，对家庭风险偏好、家庭流动性指数、家庭财富自由度、家庭规划决策等进行科学管理的方法体系。

人生常常面临各种纠结，在家庭发展演化过程中，必然涉及诸多难以决策的悖论。看一个人的发展，一个家庭的地位，取决于哪些因素，人生价值的计量如何更加合理并合乎人性，世俗的眼光对此争论不休。为此，我提出了家庭价值运用侧计量的模型，即家庭的价值不是由家庭的收入单一决定，而是由家庭消耗的财富以及在可支配财富中有多少用于帮助他人的总和所决定。决定家庭发展走向的主观原则（价值观）、标准原则（方法论）、突发原则（风险平衡）和成功原则（价值创造）是家庭决策的生命线。不同场景，不同视角，对同一事件的处理会产生不同的认识。

特大城市高房价、高成本的生活状态，严重影响了社会阶层的自由流动，尽管如此，许多北漂者宁愿住地下室也不离京。住房资产已然成为家庭资产的重头，牵动着公众的心弦，在房住不炒的大政之下，房价得到抑制，房产税也成为人们关注和热议的话题。房产税征收的基础涉及法理、征管信息及征收成本三个问题，对此虽有争议，根本性障碍已不存在。何时征收应当取决于两大根本因素，一是当现有税源难以满足和支持基本社会运行，二是被公众广泛接受。这两个条件具备时，征收房产税的靴子便自然落地。生儿育女不再是单纯的传宗接代问题，而更多的是涉及家庭的金融和财务问题。有钱才有能力多生是社会较普遍存在的现象。许多穷困家庭突破计划生育政策多生多育，并没有考量财务和成本问题，导致许多家庭经济能力愈发困难。当然，一些平民家庭因为多生，个别子女有了大的出息，因而改变了整个家族命运的情况也数不胜数，这是大自然给予弱势群体最丰厚的回报。无数人也因婚姻改变了命运，使生命变得更加精彩或黯淡无光。

发生于三百多年前的荷兰"郁金香泡沫"是历史上第一次有记载的金融泡沫，人们对财富狂热追求、丧失理性、推高价格，终因一个穷水手无意中损坏了一朵名贵的郁金香而招致人们对其内在价值的怀疑，导致泡沫破灭，千百万人倾家荡产。今天虚拟经济领域的比特币以及众多现实中被资本和舆论推高价格的投资品所产生的泡沫终归会趋于破裂，这是不可逆转的自然法则。

同一个行为和动机，作用于不同的对象，将产生完全不同的结果。卖菜的商贩欺骗顾客，缺斤少两多收钱。假若顾客是有钱人，这些多收的钱于他而言九牛一毛，商贩拿来养家糊口，对有钱人来说未尝不是一件功德；假若顾客是穷人，买菜时经常转来转去地比价、算计，多收的钱于他而言弥足珍贵，商贩欺骗如此的弱者便伤天害理。

许多人认为炒黄金能赚钱，当经济不好时，黄金表现得很值钱。但从历史上来看，黄金从来不是高收益的投资产品，1944 年"布雷顿森林体系"确定每盎司黄金价格为 35 美金，2019 年 11 月 22 日每盎司黄金现货价格 1464 美金，75 年仅增长 42 倍。黄金是家庭的备灾品保值品，在极端情况下当社会发生灾难、发生动荡的时候，你手里有黄金是可以换饭吃的。家庭储备黄金时不宜储存金条，而应是各种实用首饰。首饰虽然成本高于金条，但在保值功能之余平时可以轮番使用，更好地体现了其使用价值。金条不宜分割，发挥了储备功能但未体现使用价值，俗语讲"金子不用不如铁"，且在备灾之年手持大量金条容易露富进而产生危险，其综合价值将大打折扣。

俗语讲："吃不穷，穿不穷，算计不到一世穷。"这句话被奉为经典的生活准则。现代科技的进步为家庭财富科学管理提供了可能，又使得家庭财富运作防范风险的任务更加艰巨。记得从 2004 年 6 月开始，亿霖木业集团有限公司在北京金融街国企大厦占用两层对"造林"业务传销推广，以"合作托管造林、可以获取高额回报"为诱惑，在短短两年间，吸引了来自全国各地 2 万多名投资者，销售款累计达 16.8 亿元人民币。被骗上当人中高知者和退休领导干部占了很大比重，然而一切都真相大白后，人们才发现他们的造林梦原来竟是一场彻头彻尾的传销骗局。近年来许多以金融科技创新之名，行非法集资之实的 P2P 平台，在严厉的监管政策下水落石出，大量跑路，投资者损失近万亿，许多成功人士的养老金投入后血本无归，教训惨痛。

一般来说，个人投资者不具备股票及虚拟货币的炒作和分辨能力。股票市场整体不好的时候，你要去做股票，是投资更是投机，大量的散户，你在里面一定是垫背的。你首先要理性地做到在很短时间内持仓，如果持仓的时间长，风险必然加大，亏损的概率必然增高。有时明白了也不一定能做到，说到了不一定做得到，因而遵守规则和纪律也很重要。理性上人们都知道在炒股中要止损，但能够做到止损者的寥寥无几。主权货币的锚是国家信用背后的价值支撑。比特币的锚是什么？比特币是挖矿的设备、消耗的电力和算法构成了它的价值，炒作导致价格波动产生投机机会。运算挖矿本身并不创造社会价值，它的运行无益于改变和提升人的生活质量，且消耗了大量的社会资源，因而比特币的锚是不可靠的，是子虚乌有的投机，应属高风险投资。以我多年对宏观经济研究的体验观察，总结了"三不同时原则"，即：一个经济体经济高速增长、低通胀、流动性充分的状态，不可能同时存在。家庭发展中，通胀不由个体决定，追求财富合理增长及保持充分的流动性应作为家庭追求的目标。

对上述事件从不同视角运用科学工具进行管理，以对家庭管理会计理论进行深入的探索，不仅可以有效提升家庭经济功能，保障家庭社会功能更好实现，而且可以通过千万个家庭这一微观组织的健康发展，助推我国经济社会的高质量发展。该论著有理论、有实践、有价值，大处着眼，小处落地，深入浅出，通俗易懂，对全面提升家庭财富管理水平、助力家庭和谐具有很强的现实指导意义。

1998 年是我们改革开放 40 多年的一个中间的时间点，这个时间点特别有意义。1998 年我国的财政收入是 1 万亿元，2018 年是 18 万亿元，国家财力实现了快速增长。在 1997 年的时候，中国的货币 M2 与 GDP 的比值大致是 1:1。20 世纪 90 年代初我们有这样的统计，基本建设每投入 1 元，产出 1.2 元—1.5 元，技术改造项目投入 1 元要产出 2 元，现在这些已经做不到了。2018 年 M2 是 182 万亿元，GDP 是 90 万亿元，货币效率较 20 年前降低了一半多。2007 年美国次贷危机之后，我国的货币增速保持在 20% 以上，近年我们按 8.2% 的目标控制，大家必然感受到市场上的钱少了，企业终端的流动不畅了。供给侧改革成效显著，与中小企业融资难、融资贵的问题形成鲜明对照，成为社会经济运行不确定性增加的重要影响因素，这也将极大地影响家庭收入和消费，家庭财富管理规划科学化将更为迫切。

　　我在金融行业从业 20 余年，又在中国总会计师协会服务财政会计行业长达 12 年，我同有关专家学者，把会计精准计量同金融规划管理有机结合，形成了独到的家庭财富管理实践和理论体系。从小处讲，家庭财富管理有利于家庭成员人生价值的实现；从大处讲，家庭作为社会的基本单元，家庭稳则社会和谐，家庭经济管理得好，则可促进社会经济平稳运行。家庭管理会计体系建设，将成为提升国家治理能力、治理体系现代化的重要组成部分。国家财产公开制度的逐步实施，以家庭为单位的纳税制度建立，房产税、遗产税的征缴，都会成为推进家庭管理会计体系建设的强大动力，家庭管理会计作为一个新诞生的行业必将得到长足的发展。

张成栋

2019 年 11 月 26 日

目　录

第一章

家庭管理会计综论

　　家庭是最基础的社会基层组织，是一个利益共同体。随着社会的发展，家庭这一组织形式不断变化，功能不断扩展。发展到今天，家庭的功能不再局限于为家庭成员提供一个居所，其经济组织的功能日渐增强。家庭也不再仅仅是一个社会组织，而是逐渐成为一个经济组织。

第一节　社会发展中的家庭演变

一、家庭功能的演变

　　所谓家庭功能，指的是家庭作为一个组织对社会发展和人类进步的作用。社会需要和家庭固有的特性决定了家庭功能。与家庭形式的演变逻辑一致，家庭功能也在逐步扩展与丰富，具有经济功能、生育功能、抚养和赡养功能、教育功能、心理功能、休息和娱乐功能、宗教功能、政治功能、保护功能等多种功能。其中，经济功能是其他所有功能的物质基础。家庭需要衣服、食品、住房、汽车以及足够的教育、医疗资金，家庭生活必须有经济条件的支持，充足的经济资源是生活质量保障的充分条件。

首先，经济基础决定上层建筑，家庭功能是由当时的社会生产力水平所决定的。在不同的历史时期由于生产力水平的不同，家庭功能的表现也截然不同。家庭经济功能的转化由近代拉开序幕，并仍然处于变革中。近代以前，传统家庭是适应低级生产力水平需要、自身内部便包含着多重社会关系的一种相对独立的社会形式。从经济的角度来说，一个家庭或者家族可以自身完成一个生产循环，日常消费品（如衣服、食物）从生产到分配再到消费，它可以独立完成而不依赖于分工和交换。到了近代，由于社会发展、生产力的提高，社会分工开始逐步出现和明确。传统家庭赖以生存的基础遭到冲击，尤其是在城市，生产逐步离开家庭，出现在效率更高的工厂，自给自足的家庭经济单位趋于解体。大多数家庭已经不再占有生产资料也并不组织生产劳动，而只是作为生活资料消费单位。由于生产的社会化使社会联系加强，也使家庭功能和家庭关系发生变革，一部分家庭成员之间的关系被家庭成员与社会之间的关系所取代，家庭成员之间的联系日趋松散。这时，家庭就由独立社会单位变为一种社会参与单位。

其次，家庭功能也受到建立在一定生产方式基础上的家庭观念、社会制度、伦理道德、法律、宗教、习俗等多方面因素的制约。近代以前，预防经济来源中断的方法主要是靠家庭的储备，包括财力储蓄和人力储备。财力储蓄主要指家庭储蓄，因此"量入为出"、热衷储蓄是中华民族的鲜明特色。人力储备主要表现在诸如"养儿防老""多子多福"等家庭传统观念中。近代以后，随着生产力的发展，社会保障制度已被广泛实施。纵观当今世界，几乎所有国家都在不同程度上实行了社会保障制度。特别是在许多西欧国家，已经形成一整套完备的、规范化的社会保障体系，很多国家被称作"从摇篮到坟墓"的福利国家。显然，个人对社会的依赖程度进一步提高，社会已经或正在承担由家庭转移出来的那部分功能。

综上所述，家庭功能随着经济社会的发展、生产力的提高而与时俱进。具体来说，家庭形态由大到小，家庭构成由紧到松，家庭观念由浓到淡，家庭角色由多到少。但是无论从近期还是从远期来看，经济始终是家庭的保障。

二、家庭财富的演变

从中国家庭物品"四大件"的变化中就可以感知家庭财富和经济条件的日益增长。20 世纪 50 年代至 70 年代，人们口中的"四大件"是"三转一响"，即自行车、缝纫机、手表和收音机；到了 20 世纪八九十年代，"四大件"变成了彩电、冰箱、洗衣机和录音机；到了 21 世纪，手机、电脑、汽车和房子成为最新的"四大件"。"四大件"越来越贵，越来越好，从一定程度上彰显了人民生活品质和财富实力的提高。若从相关统计数据来看，这一变化更为显著。

1. 家庭财富规模急剧增加

（1）居民收入快速增长。

从国家统计局的相关调查数据可以看出，从 1978 年改革开放到 2018 年这 40 年间，城镇居民家庭的人均可支配收入从 1978 年的 343.40 元增长为 2018 年的 39250.84 元，增长幅度达到 11330%；如果考虑通货膨胀的因素，增长幅度为 1634%。农村居民人均家庭收入则从 1978 年的 133.60 元，上涨到 2018 年的 14617.03 元，增长幅度达到 10841%；如果考虑通货膨胀的因素，增长幅度为 2085%。考虑通货膨胀因素后，农村居民人均家庭收入高于城镇居民家庭人均可支配收入的增长率，得益于农村居民消费价格指数要低于城市居民消费价格指数，更重要的原因是农村居

民收入增长率要高于城镇居民的收入增长率。从图
1-1可以看出，2014—2018年这5年来，我国居民的
人均可支配收入同比增长率分别为10.1%、8.9%、
8.4%、9.0%、8.7%；城镇居民人均可支配收入同比
增长率为9%、8.2%、7.8%、8.3%、7.8%；农村
居民人均可支配收入同比增长率为11.2%、8.9%、
8.2%、8.6%、8.8%，农村高于城市，而且均高于我
国GDP的同比增长率。

图 1-1　2013—2018 年我国居民收入变化

数据来源：国家统计局。

（2）家庭财富加速积累。

我国经济的高速发展，带来了居民财富的加速积
累，私人可投资资产的规模在迅速扩张。可投资资产
是指可以用来投资的私人财富，其范畴包括个人的金
融资产和投资性房产。其中，金融资产包括现金、存

款、有价证券、基金、保险、银行理财产品、境外投资等，不包括自住房产、耐用消费品等资产。根据表1-1，2018年我国个人持有的可投资资产总体规模为190万亿元，2006年为25.6万亿元，年均复合增长率达到16.7%，可见居民财富积累速度之快。

表 1-1   中国个人持有的可投资资产总体规模   单位：万亿元

年度	2006	2007	2008	2009	2010	2011	2012	2013	2014	2015	2016	2017	2018
规模	25.6	36.1	37.8	52	62	72	80	92	112	129	165	188	190

数据来源：Wind 数据库。

可投资资产超过1000万元人民币的个人被称为高净值人士。从图1-2可以看出，2017年中国高净值人士数量为187万人，他们持有的可投资资产规模合计58万亿元。而2017年，全国税收收入为14.4万亿元，也就是说，我国高净值人群的可投资资产规模相当于全国税收收入的4倍多。从资产规模趋势看，虽然我国经济增速放缓，呈L形走势，但是高净值人群可投资资产规模的增长势头不减，财富积累速度很快。

2. 家庭财富类型不断丰富

根据中国家庭金融调查的数据显示，2017年，我国家庭总资产中，房产占比最高，达73.6%，金融资产占比为11.3%，工商业资产占比为6.6%，其他资产占比8.5%。从2011年、2013年、2015年、2017年分别开展的四次调查来看，房产占比升高趋势明显（见表1-2）。

图 1 - 2　中国高净值人群数量及可投资资产规模

数据来源：Wind 数据库。

表 1 - 2　　　　　　　　　中国家庭资产配置结构

	金融资产/总资产	房产/总资产	工商业/总资产	其他资产/总资产
2011 年	10. 9	68. 6	8. 7	11. 8
2013 年	12. 9	62. 3	12. 4	12. 4
2015 年	12. 4	65. 3	13. 7	8. 6
2017 年	11. 3	73. 6	6. 6	8. 5

数据来源：路晓蒙，甘犁. 中国家庭财富管理现状及对银行理财业务发展的建议［J］. 中国银行业，2019（03）：94 - 96.

　　从中国建设银行发布的历年《私人财富报告》中可以看出，中国个人可投资资产类型越来越多元，涵盖了储蓄、银行理财产品、股票、信托资产、商业养老保险、基金、流通中货币、离岸资产等多种类型。图 1 - 3 展示了 2008—2018 年 11 年来中国个人可投资资产配置的变化情况。从历年的资产类型构成比例看，居民储蓄一直占据投资资产的较大比例，但是银行理财、信托资产等其他类型资产的配置比例呈扩大趋势，这显示出中国居民和家庭财富类型的不断丰富。

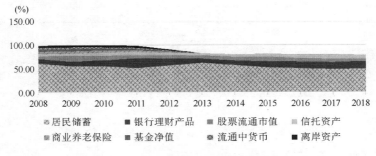

图 1 – 3　中国个人可投资资产构成

3. 家庭财富分配快速分化

表 1 – 3 反映了我国的居民收入差距情况。2009 年后我国城乡居民人均可支配收入的差距在逐步缩小，这主要是经济环境和宏观调控因素的影响；但城镇居民内部和农村居民内部的可支配收入差距在加大，且农村居民内部的差距扩大速度快于城镇居民。

基尼系数通常被用来衡量一个国家或地区居民收入的差距。表 1 – 4 是各类来源的基尼系数比较。从国家统计局公布的数据看，2008 年基尼系数达到历史最高值 0. 491，之后慢慢下降，但仍在 0. 46 以上，属于过高状态。非官方的研究群体对中国基尼系数的测算要高于官方公布数据。西南财经大学的中国家庭金融调查（CHFS）报告显示，2010 年中国家庭基尼系数

表 1-3　　　　　　　　　　　　我国居民收入差距

年份	城乡居民收入差距			城镇居民间收入差距			农村居民收入差距		
	城镇居民人均可支配收入/元	农村居民人均可支配收入/元	收入差距/倍	最高收入户(10%)人均可支配收入/元	困难户(5%)人均可支配收入/元	收入差距/倍	高收入户人均纯收入/元	低收入户人均纯收入/元	收入差距/倍
2002	7702.8	2475.6	3.11	18995.9	1957.5	9.7	5903	857	6.89
2003	8472.2	2622.2	3.23	21837.3	2098.9	10.4	6346.9	865.9	7.33
2004	9421.6	2936.4	3.21	25377.2	2312.5	10.97	6931	1007	6.88
2005	10493	3254.9	3.22	28773.1	2495.8	11.53	7747.4	1067.2	7.26
2006	11759.5	3587	3.28	31967.3	2838.9	11.26	8474.8	1182.5	7.17
2007	13785.8	4140.4	3.33	36784.5	3357.9	10.95	9790.7	1346.9	7.27
2008	15780.8	4706	3.31	43613.8	3734.4	11.68	11290.2	149.8	7.53
2009	17174.7	5153.2	3.33	46826.1	4197.6	11.16	12319.1	1549.3	7.95
2010	19109.4	5919	3.23	51431.6	4739.2	10.85	14049.7	1869.8	7.51
2011	21809.8	6977.3	3.13	58841.9	5398.2	10.9	16781	2000.5	8.39
2012	24564.7	7916.6	3.1	63824.2	6520	9.79	19008.9	2316.2	8.21
2013	26467	9429.59	2.81						
2014	28843.85	10488.88	2.75						
2015	31194.83	11421.71	2.73						
2016	33616	12363	2.72						
2017	36396	13432	2.71						

资料来源：贾康. 深化收入分配制度改革研究 [M]. 北京：企业管理出版社，2018：338；《中国统计年鉴》（2000—2015 年）。

为 0.60，最高是 2012 年为 0.61。北京大学中国家庭追踪调查（CFPS）的《中国民生发展报告 2015》基于全国 25 个省市 160 个区县 14960 个家庭的基线样本，测算出全国居民家庭财产基尼系数已从 1995 年的 0.45 扩大为 2012 年的 0.73，顶端 1% 的家庭占有全国约 1/3 的财产，底端 25% 的家庭拥有总量仅在 1% 左右。可见中国家庭财富分配在快速分化，有"穷者越穷，富者越富"的趋势。[①]

表 1 - 4   各类来源基尼系数比较

年份	国家统计局	西南财大 CHFS	北大 CFPS
2002	0.454	—	0.55（财产基尼系数）
2003	0.479	—	—
2004	0.473	—	—
2005	0.485	—	—
2006	0.487	—	—
2007	0.484	—	—
2008	0.491	—	—
2009	0.49	—	—
2010	0.481	0.6	—
2011	0.477	—	—
2012	0.474	0.61	0.49/0.73（财产基尼系数）
2013	0.473	—	—
2014	0.469	—	—
2015	0.462	0.6	—
2016	0.465	—	—

资料来源：贾康. 深化收入分配制度改革研究 [M]. 北京：企业管理出版社，2018：75.

---

① 贾康. 深化收入分配制度改革研究 [M]. 北京：企业管理出版社，2018：338.

4. 财富影响因素和冲击不断增加

近年来，全球贸易摩擦、债务风险、经济结构转型等发展不确定性因素日益增加，给家庭财富带来冲击。

首先，过去70多年来，经济全球化带来了经济的迅速发展，也带来了与日俱增的全球贸易量，贸易摩擦接踵而来。目前，贸易摩擦已成为全球经济面临的重要不确定因素之一。如果自由贸易进程受阻、贸易摩擦增加，会从贸易业务量、投资者信心、外汇市场波动等多个方面冲击经济增长。据IMF估计，在严峻的情况下，贸易摩擦升级可能会使得未来两年内全球经济增长率降低0.8%。其次，进入21世纪以来，国际金融环境收紧，债务负担日益加重。2017年，全球债务（包括公共和私人债务）已达到184万亿美元这一历史最高水平，是全球GDP的两倍多，是2007年的1.6倍。IMF利用一个包含57个发达国家和新兴市场国家金融数据的样本研究显示，在未来3年内，这些国家的家庭债务占GDP的比率预计每年上升5个百分点，同时，经济增长率可能会下降1.25个百分点。近年来，美元汇率和利率双双走强，直接加重了新兴市场国家的外债负担，可能会引发融资困难和国际收支危机，进一步危及经济增长和加剧家庭收入波动。这些摩擦与债务风险对全球经济前景产生一定影响的同时，必然会传导到微观家庭，给家庭财富带来冲击。

家庭财富管理的风险和难度在不断加大。

第二节　管理会计视角下的家庭

一、管理会计视角下家庭的界定

近代以来，中外学者都对家庭一词进行过解释，美国社会学家伯吉斯和洛克认为："家庭是被婚姻、血缘或收养的纽带联合起来的人的群体，各人以其作为父母、夫妻或兄弟姐妹的社会身份相互作用和交往，创造一个共同的文化。"中国社会学家费孝通认为"家庭是父母子女形成的团体"。在《汉语大辞典》中，家庭一词的意思是"以婚姻和血统关系为基础的社会单位，成员包括父母、子女和其他共同生活的亲属"。

以上定义大多是从社会学视角对家庭进行理解和阐述。在家庭管理会计视角下，家庭的含义更为丰富，本书将家庭定义为："家庭是由父母子女组成的，运用各种家庭要素，如劳动力、资本、土地、才能、智力成果等，创造家庭财富，并综合运用流动性管理、风险管理等工具，促进家庭财富保值增值、提高家庭综合效益的社会经济组织。"

一般而言，在不同的家庭组织结构中，家庭所处的阶段不同，家庭的资产负债情况呈现不同的特点，从而需要不同的家庭财富管理策略。

二、家庭是特殊的社会经济组织

之所以说家庭是特殊的社会经济组织，是因为家庭具有同企业独立核算、自主经营、自负盈亏的类似特征，即财富独立、自主管理和自负盈亏。

1. 财富独立

社会中的每个家庭的财富都独立归该家庭所有，每个家庭都是一个独立核算单位，家庭各自对本家庭的经济活动或预算执行过程及其成果进行全面的、系统的会计核算。每个家庭都有一定数额的资金，可在市场中进行消费和投资等结算活动，独立编制计划，单独计算盈亏。在一个家庭中，子女一般为非财富独立的，他们就不属于独立核算的单位，而是采取报账制，将自己的收支相关情况，逐日或定期报送父母，由父母进行核算。父母给予子女资金，子女收入上缴父母，支出找父母报销，自身不单独计算盈亏，只记录和计算几个主要指标，进行简易核算。

2. 自主管理

自主经营是指家庭发展的全过程采取自主管理，别的家庭无权也不会进行干涉，政府也不予以干涉。家庭所有的经营活动都会受到法律和道德的约束。家庭每个人都对家庭经营结果负责。家庭自主经营有助于发挥家庭人力、物力、财力的作用，最大限度发挥个人的主观能动性，创造更大的家庭价值，提升家庭的成就感和幸福感。

3. 自负盈亏

自负盈亏是指家庭实行财富自主管理、独立核算，对自己的财富管理成果好坏及盈亏承担全部或相应的经济责任的一种原则。家庭在完成国家税金的前提下，必须以收抵支，利润归自己支配，亏损也由自己负责。家庭实行自负盈亏，可以使责、权、利统一，有利于发挥家庭经营的积极性，增强家庭的活力，促进家庭的发展。在家庭经营失败时，出于社会和谐稳定的考虑，政府的社会保障系统可能会给予一定的救助，帮助其恢复生命力。

第三节　家庭管理会计理念的提出与建立

一、家庭经济与国家经济的关系

1. 家庭经济与宏观经济

家庭是宏观经济中的一个微观主体，家庭经济的规模与质量同宏观经济的质量密切相关。从改革开放

40 年（1978—2018 年）以来我国 M2（货币和准货币供应量）、GDP（国内生产总值）、财政收入与城镇单位就业人员工资的趋势可以看出，四者的变化总体趋势完全一致，都在不断增长。在不同时间段的增长速度也基本相同，比如均在 20 世纪末增速较慢，进入 21 世纪到 2008 年左右，增速稍微加快，而在 2008 年之后，增速进一步加快。但四者的增长速度有所不同。总体比较四个指标的增长速度，呈现 M2 ＞ GDP ＞财政收入 ≈ 城镇单位就业人员工资的特点。

对于 M2 增速高于 GDP 增速的原因，不同的学者有不同的看法。有的学者认为是货币超发导致，有的学者则认为 M2 是一个累积的数字，是居民储蓄导致。M2 增速过快对家庭的影响必须了解，一方面，M2 的增长说明了经济和社会的发展与进步，表示流通性强，货币需求量大，如果 M2 停止增长，是经济的一个危险信号。一般而言，M2 增长的情况下，家庭的名义收入、资产的名义价值会随之上升。另一方面，M2 如果增长过快，远超过经济规模的增长，就易引发流动性过剩甚至通货膨胀，也就是货币的购买力下降，家庭的实际收入、资产的实际价值反而下降。如果宏观经济泡沫过大，会给家庭经济带来更大的不确定性风险。

GDP 的增长是财政收入增长的重要保障。1950 年我国财政收入约 62 亿元，2018 年这一数字（仅指全国一般公共预算收入）跃升至 183351.84 亿元，68 年

增长了约 2956 倍。如果加上 2018 年政府性基金收入
75404 亿元，2018 年财政收入达 258756 亿元，是 1950
年财政收入的 4173 倍。政府的财力是政府进行教育、
医疗卫生、社会保障和就业等民生保障类支出的基础。
改革开放后，政府对民生保障类支出的比重不断提升。
比如，2018 年全国一般公共预算支出约 22.1 万亿元，
其中社会保障和就业支出约 2.7 万亿元，占比约
12.2%；教育支出约 3.2 万亿元，占比约为 14.5%；
医疗卫生与计划生育支出约 1.6 万亿元，占比约为
7.2%。① 政府民生保障类支出比重的提升既可以促进
家庭收入的提高，又可以辅助家庭经济的风险防范。

2. 国民收入分配中家庭收入的形成

家庭初次收入是家庭成员收入形成的起点，包括
工资性收入、经营性收入和财产性收入，即家庭通过
劳动、企业家才能、资本、土地等要素从市场中获得
的收入。初次收入分配之后是政府部门介入的再分配
过程，一方面是政府向家庭成员初次收入征税并要求
家庭成员缴纳一定比例的社会保障费，另一个方面是
对困难家庭的转移支付。市场初次收入加上政府转移
支付，再减去个人所得税和社会保障费，就形成了居
民家庭的可支配收入。这部分收入是家庭最终可自由
支配用于消费和积累的收入。

---

① http：//www.ctax.org.cn/jjgc/201906/t20190628_ 1088282.shtml。

因此，家庭可支配收入可以用以下公式表示：

家庭可支配收入 = 家庭的市场收入 + 转移性收入 – 个人所得税 – 社会保障缴费

（1）家庭初次收入。

家庭的初次收入与国家宏观经济状况有很大关系。GDP 指按市场价格计算的一个国家（或地区）所有常住单位在一定时期内生产活动的最终成果，常被公认为衡量国家经济状况的最佳指标。如果按生产法核算 GDP，则：GDP = 劳动者报酬 + 生产税净额 + 固定资产折旧 + 营业盈余，可见当劳动者报酬增加时，GDP 也会增加，但当 GDP 增加时，劳动者报酬却不一定增加，但大多数情况而言二者是正向关系。国家通常会采用财政政策和货币政策来进行宏观经济调控，比如当经济不景气时，国家会减税降费或"放水"，"放水"实际上就是通过货币政策工具使市场上的货币供应量增加。通过这些政策，使微观经济主体，当然也包括家庭的可支配收入增加，从而促进经济增长。当然，"放水"并不必然是好事，它很可能带来通货膨胀，也就是家庭的财富名义上看起来是增加的，但是购买力有可能是减少的。

（2）家庭的转移性收入。

家庭的转移性收入是指国家、单位、社会团体对居民家庭的各种转移支付，是家庭收入的增加项，包括：政府对个人收入转移的离退休金、失业救济金、贫困补助等；单位对个人收入转移的辞退金、保险索赔、住房公积金等；社会团体对家庭的赠送和赡养等。这种转移性收入是社会保障和社会救济制度的体现，主要作用是提高低收入人群收入水平。在前文我国居民收入变化图中可以看到，虽然城镇居民和农村居民的收入水平都在不断上升，但是二者的差距不断扩大，基尼系数是在提高的，家庭的转移性收入正是缩小收入差距的政策工具之一。

（3）个人所得税和社会保障缴费。

个人所得税和社会保障缴费是居民家庭缴纳给政府的，具有强制性。它们都是从个人收入中拿出一部分给国家，是家庭财富的减项。国家在征收个人所得税时会考虑居民的生活成本，养老、育儿、住房、医疗、教育等成本，设置生计费用扣除、专项附加扣除等扣除项目。针对个人税负，我国实行累进税率，税率随收入水平的升高而增加；针对社会保障缴费，虽然比例固定，但是缴费数额会随收入水平的升高而增加，因此个人所得税和社会保障缴费有着再分配特有的调节作用。但是，由于不同类别的收入个人所得税税率、计税方法不同以及个人所得税、企业所得税等不同税种的税负差异等各种原因，部分家庭会通过税收筹划的方法降低税负。另外，我国对社会保障缴费设置了上限，因此会降低其在限制高收入人口收入水平中的作用。

当然，在家庭财富管理中，家庭所涉及的税费远不止个人所得税和社会保障缴费，比如还涉及车辆购置税、增值税等其他税种，后文会进行说明。此处谈论的是在社会财富创造过程中，家庭这一部门收入的形成原理，因此只涉及个人所得税和社会保障缴费。

二、家庭管理会计理论的含义与意义

1. 家庭管理会计理论的含义

管理会计，又称为"分析报告会计"，是一个管理学名词。管理会计源自于企业管理，目的是为企业进行最优决策，改善经营管理，提高经济效益服务。为此，管理会计需要针对企业管理部门编制计划、做出决策、控制经济活动的需要，记录和分析经济业务，"捕捉"和呈报管理信息，并直接参与决策控制过程。

家庭管理会计理论是把家庭作为会计管理主体，借鉴企业管理会计的理念和工具，与家庭管理有机结合的理论和方法。将管理会计应用于家庭，有利于为家庭提供最优财务管理决策，控制家庭财务管理风险，达到家庭收益最大化、流动性强与风险规避的有机统一，提高家庭综合效益，是管理会计在家庭管理领域的创新。

家庭管理会计针对家庭目标编制家庭计划、记录和应用有关会计信息，做出家庭决策，控制家庭行为。家庭管理会计的职能可以概括为三大方面：

一是解析过去。家庭管理会计对家庭过去的财务情况作进一步的加工、改制和延伸，使之更好地适应控制现在和筹划未来的需要。

二是控制现在。家庭管理会计通过一系列的指标体系、工具方法，编制家庭财务计划，并及时发现和修正在执行过程中出现的偏差，并根据偏差完善财务计划，在动态中追求家庭管理会计的最优解。

三是筹划未来。充分利用过去和现在所掌握的丰富资料，严密地进行定量分析，从而提高家庭财富管理与决策的科学性，使家庭经济活动在合理轨道上卓有成效地进行。

2. 建立家庭管理会计理论的意义

（1）家庭发展演化的必然要求。

从家庭的形式和功能的演变过程可以看出，家庭人口的增减不再是传统意义上的人口数量、子息繁衍问题，更大的牵涉到家庭经济和财务问题。不论家庭功能如何简化，家庭的经济功能始终是保障，而且在家庭其他功能日益社会化的过程中，家庭的经济功能更显得尤为重要，因为功能社会化意味着越来越多的功能需要购买，需要经济的支撑。家庭管理会计处于家庭价值管理的核心地位。家庭管理会计是社会生产力进步、家庭财富增加和管理水平提高的结果，也是一门有助于提高家庭经济效益的科学。

（2）家庭风险管理的工具。

中国进入改革开放以来，家庭财富经历了量和质的变化。中国 GDP 跃升至世界第二位，家庭财富也增加了几十倍；同时，家庭更多地成为生产要素的供给者而非产品的供给者，或者说是提供中间产品而非最终产品。这些改变使得家庭逐渐具备重要的经济组织功能，因此家庭财富管理的需求十分强劲。同时，贸易摩擦、金融风险等发展不确定性的增加，影响宏观经济总量并波及中观经济实体，并最终影响到微观家庭财富。对每一个家庭来说，需要在原有的计划目标基础上，及时地了解社会的发展动态，不断地调整现有的发展模式，学习风险管理方法，所以就需要大量的经济信息作为参考。家庭财富管理的风险加大、难度加大，必要性和专业性的要求提高。家庭管理会计不仅提供财务状况上的信息，而且根据家庭的发展形势对于家庭的发展提供各个方面的信息，有利于家庭的经营管理者做出更加准确的判断。

（3）促进家庭资源的优化配置。

家庭的财富越来越多，财富的积累速度越来越快，但是基尼系数没有丝毫降低的趋势，甚至越来越高，也就是说家庭之间的财富差距越来越大。高收入家庭的财富结构日趋多元，但需要更好地进行组合管理，有效防范风险，促进家庭财富的保值增值；低收入家庭财富有限，需要最大限度地有效利用资源，提高家庭的财富创造和积累的能力。家庭资源的优化配置是所有家庭关心的问题，也正是家庭管理会计的重要意

义之一。家庭在决策过程中需要非常的慎重，关系到
家庭的生计和发展，需要对家庭的现状有清晰的了解，
熟悉家庭在发展中应该规避的方向，对于家庭的未来
发展趋势有科学的预测。家庭管理会计在向资源提供
者反映资源管理情况的基础上，实现资源的优化配置，
进而提高家庭的经济效率、经济效果和经济效益，实
现家庭价值最大化，是家庭的目标、财富创造、财务
一体化最有效的工具。

（4）弥补家庭管理会计理论领域的缺憾。

目前来说，管理会计在企业会计领域被广泛运用
并产生相关较为成熟的会计理论，与此相比，家庭会
计以及家庭管理会计的相关理论相形见绌。家庭管理
会计理论的建立可以适当填补家庭管理会计领域的空
白，满足家庭财富管理的需要。家庭管理会计理论将
建立在家庭经济数据的基础上，为家庭控制风险、科
学决策，致力于为家庭财富规划提供合理指导，并在
实施中根据家庭财富状态和价值对家庭财富管理计划
不断修正做出客观评价，是多学科相融合的理论，填
补了家庭管理会计领域的学术空白，是家庭成员必备
的家庭管理常识。

第二章

家庭管理会计体系

　　传统意义上的家庭是社会生活的基本单位，也是社会关系的基本单位，家庭之于社会相当于细胞之于人体，家庭的集合构成了整个社会，而家庭是个小社会。随着时代的发展，家庭这一组织形式不断变化，功能也在不断扩展。家庭不仅仅是一个社会组织，同时也是一个小型的经济组织，它有自己的资产和负债，有现金流，可以担负经济主体的生产、分配、交换和消费的职能，衣、食、住、行等物质文化生活都依赖家庭作为介质。在家庭主体的所有功能中，经济功能是家庭的其他所有功能的物质基础，也是家庭其余功能发挥的前提。家庭的衣食住行，包括房产、私人交通工具、食品饮料、生活用品、衣物、药物、教育资金、医疗资金、投资品的提供，都需要家庭经济功能的支撑，家庭经济功能的实现有利于保证生活品质、提高生活质量。

　　本章主要论述家庭管理会计的基本要素，主要包括家庭管理会计的原则、家庭管理会计的对象、家庭管理会计的目标与家庭管理会计的主体。

第一节　家庭管理会计的原则

　　家庭管理会计的原则主要包括主观原则、标准原则、突发原则。三个原则各有侧重，形成稳定的平衡关系，确保家庭价值最大化，如图 2 - 1 所示。

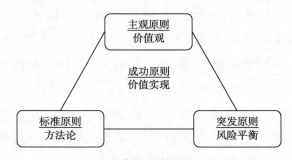

图 2 - 1　家庭管理会计的三性平衡

一、家庭管理会计的主观原则——价值观

　　家庭管理会计主观原则体现的是价值观。主观原则是首先，是要符合自己的价值观，安排各方利益，包括个人与集体、短期与长期、物质与精神利益的平

衡，全身心地致力于人生目标和人生价值的实现；其次，是要有以价值观为导向的工作处理模式，做到乐观快乐、自由自律，提升整合资源的能力；最后，也要有一套自己的成功的标准，包括但不限于对于知识、权力、财富的衡量标准等。

每个人的价值观都是不同的，它受很多因素的共同作用。例如，不同的人的身家是不同的，较为贫穷的人，其价值观可能更偏向于获得更多的财富，得到更多的物质方面的东西；而较为富有的人，其价值观可能更偏向于知识和境界的提高，得到更多的精神层面的东西。

家庭是由多个个体组成的，每一个个体的价值观都是有差异的，家庭的价值观会受到每个家庭成员的价值观的共同作用。理论上说，家庭的价值观不仅由当时的社会生产力水平所决定，还受到建立在一定生产方式基础上的家庭观念、社会制度、伦理道德、法律、宗教、习俗等多方面因素的制约。在长时间的磨合后，形成家庭的统一的价值观，这就是家庭发展的一个总体的目标。

1. 符合自己的价值观

价值观因人而异，它会对个体的行为提供一个指引和方向。个人根据自身的价值观对个人信念、个人目标、个人原则等进行修正，是使人据此而采取行动的一些原则、基本信念、理想、标准或生活态度。

"在做决定时如何取舍所体现的就是价值观"，价值观内容从本质上讲就是决策的依据。

价值观不是简单的集合，而是一个有机系统。价值观和价值观念有差异，不敢苟同的是将价值观等同于价值观念，因为价值观作为一个系统应该是价值观系统的简称，只不过价值观系统更强调价值观念在组织上的有序性，而价值观念则是这一系统的组成分子即决策的依据。那些处于系统的核心、为其他价值观念提供合理性依据、对整个系统的基本特征和基本方向起决定作用的价值观念所组成的子系统就是核心价值观。

一个人的价值观可以表现为一个主体如何权衡和把握个人与集体、短期与长期、物质与精神利益的平衡。更具体来讲，可以表现为个人对金钱财富是如何认识的，对收入和消费水平的界定；可以表现为个人的风险偏好如何，对于风险的容忍度；可以表现为对于家庭受教育程度的需求，道德观念是什么样的；可以表现为和社会外部关系的互动如何，是否有从众心理；也可以表现为社会信任程度如何，是否诚实守信，对自己的内心是如何管理的。

2. 以价值观为导向的工作处理模式

社会是一个完整的工作系统。每个工作人员的就职单位各不相同，可能是政府机关，也可能是企事业单位，甚至是一个临时项目机构，但都有明确的工作岗位或工作。在大部分情况下，一般工作人员都有上级负责人或分管的下级，作为上级要工作，下级也要工作，大家都在面对一个共同的问题——工作。

对于一个家庭而言，虽然人员规模小，但也仍然是一个完整的工作系统，也适用于工作系统的管理。需要注意的是，家庭与一般意义上的工作系统相比也有其特殊之处：一是家庭成员的数量较少，与普通的工作系统相比可能无法做到各司其职，存在工作的互相涉及或者一个成员兼任数职的情况。二是家庭成员在外一般都会有工作，而家庭层面的管理工作相当于第二份工作，因此存在两份工作的侧重问题。三是家庭成员间不是普通的工作关系，有浓烈的血缘和亲情因素，因此规则不可完全照搬工作系统的规则，存在相当程度的主观因素。同时，工作的完成效果也和家庭的价值观联系密切。

由于每个人的价值观不同，在组建家庭之后，不同家庭的价值观也会存在差异。根据价值观差异的思想，家庭管理工作的成功与否因家庭而异，需要符合家庭价值观的基本规律。而家庭管理会计的主观价值观原则也将个体价值观的差异贯穿到了家庭工作构成的各个环节。

因此，不同家庭的工作处理模式因家庭成员的价值观的不同而出现差异化，家庭的决策和重大事件的选择也和价值观密切联系。例如：有的家庭在意金钱和财富的积累，注重收入和消费的界定；有的家庭在意道德观念的培养，注重对需要帮助者进行帮助；有的家庭在意的是家庭成员的乐观快乐、自由自律；有的家庭注重诚实守信的品质，注重对自己内心的管理；还有的家庭在意知识的获取，注重精神世界的塑造。家庭的工作处理模式也会因家庭成员价值观目标的不同出现差异。

3. 每个家庭独具特色的成功标准

理论上讲，一个社会组织应有四种效能：一是完成目标，即社会组织应树立目标导向，目标的完成是组织成功与否的首要评判标准；二是适应调整，即面对内外部不断变化的环境，组织要有强大的适应能力，在重大变动发生时，组织要及时做出回应和反馈，以保持系统的稳定平衡；三是内部清晰，即组织内部可以有不同的层级，但是层级之间要清晰、成员之间要相互联动，共同作用以维持系统的稳定，以减少冲突；四是长期稳定，即系统需要总体保持稳定，即使出现短期的动荡以及层级组织的变化，系统总体应有足够的韧性，以保持长期稳固。作为一个成功的社会组织，其目标具体包括以下几个方面：一是获得最大的利润。二是提供有效的服务。三是提高生产量。四是提高成员士气。

而家庭作为一个特殊的社会组织，在理论上也满足社会组织的成功原则。结合家庭这一社会组织的现实状况，家庭的成功标准可以分为知识、权利、财富等几类，不同家庭对于这几类的追求热情是不同的，达到成功的标准也不同，进而获得的成就感、幸福度、满意度也不同。

二、家庭管理会计的标准原则——方法论

家庭管理会计标准原则体现的是方法论。家庭是微小且完善的社会经济组织，因为家庭同企业一样，也适用于普通企业的标准，如前所述，具有财富独立、自主管理、自负盈亏这三个属性。

1. 坚持三性平衡

安全性、流动性和效益性的三性平衡，是公认的商业银行的经营准则，同时也适用于家庭这一主体。深刻理解和掌握这三性之间的平衡，对于规范家庭主体的经营行为，保障其合法权益，使其安全、稳健、高效地进行决策具有十分重大的意义。

家庭主体的资本相比于市场主体来说十分有限，收入主要来自家庭成员的工资奖金，并且存在担负各类贷款的偿还义务，可能具有高额负债。因此，家庭和商业银行一样，都拥有其资产和负债结构，因此家庭主体在经营家庭的过程中，也要注意安全、流动和效益三者之间的平衡，在自主经营的基础上，努力找到适合自己家庭的风险和收益之间的平衡。

（1）安全性。

安全性原则要求家庭主体能够随时做到应对重大损失和风险的准备，在日常活动中保持足够的清偿能力，维持家庭的稳健运营。家庭经营原则的安全性在很大程度上取决于资产安排的规模和资产的结构以及资产的风险度和现金储备的数量。

家庭主体的资产体量相比市场主体而言比较小，其资金的主要来源是家庭成员的工资收入，同时也是各家庭成员辛辛苦苦积攒下来的劳动成果，资产的波动对于家庭经济来说影响力比较大。同时，目前很多家庭有较高的负债，日常有偿还贷款的压力，应对风险的能力较差。正因为较大的负债比率，因此对家庭资产的安全性就产生了非常高的要求。在备有较充足的准备金之外，它的资金的主要投放形式必须是高质量的，有很高的回收率，否则如果不能按期收回，甚至出现坏账，必然会导致家庭的资产受到损失。更严重来讲，可能会导致家庭面临破产的危险，家庭成员的利益也将因此受到损害。因此，家庭主体的安全性经营是其压倒一切的首要任务，同时也是它应遵循的第一法则。

（2）流动性。

流动性原则要求家庭主体能够随时满足家庭成员的各种日常生活消费支出，也要在需要大额、非刚性支出的时候有足够的资金来支付。家庭的流动性不足容易导致家庭活动运转不顺畅，影响家庭成员的日常生活。家庭主体的流动性不足容易引发家庭风险的产生。

不同家庭适用的流动性水平是不同的，而影响家庭流动性水平选择的因素有很多，其中包括家庭成员的薪资水平、家庭资产投资风格、家庭成员的风险偏好等。一般来说，一个家庭应该持有家庭成员半年的工资作为流动性资产，用于日常开销和意外支出，但是这个比例根据现实情境的不同需要做出调整：如果某段时间家庭外部事物繁杂需要资金，这部分流动资金的比例需要适当提高；如果某段时间家庭想提高家庭资产投资占比，则在工作稳定即后期工资即现金流不会出问题的情况下，可适当减少流动性资产比例；但是如果工作稳定性不够，则最好不要透支未来现金流。另外，家庭负债的多样性也要求其资产结构必须与之相一致，流动性资产和长期负债的搭配必须合理。

（3）效益性。

效益性原则又称营利性，要求家庭的管理者在保证家庭稳健经营的前提下，尽可能地追求利润最大化。高额的利润既为家庭主体扩大规模、开拓业务提供了资金支持，又给予家庭成员较高的回报，带动家庭资产的循环上升，从而有利于家庭主体的健康发展。此外，较高的盈利水平还能够提高家庭的生活水平，有利于提高家庭成员的幸福感，促进家庭整体素质的提升。

家庭资产的资金来源是有限的，所以它们的投放和使用最好能够尽可能地带来较高的收益，才能更好地促进家庭资本更快速地积累，使得家庭在正常运转的同时更快地实现资本迅速增值。同时，基本的快速积累可以增强其负债能力，从而提高家庭资本的深度。目前我国经济形势下行，各类投资收益率逐渐走低，在这种经济大环境下保证较高的效益也越来越难，需要增强家庭投资的能力，在坚持"安全性"和"流动性"的基础上，不断提高家庭资金的投资能力，提高资产配置水平，提高效益，迅速发展，壮大自己。因此，"效益性"是家庭主体应遵循的又一个十分重要的原则。

从本质上来说，"三性"原则是对立统一的，既存在此消彼长的关系，又必须共同保证家庭主体正常有效的经营活动。例如：效益和安全呈反向变动关系、效益和流动呈反向变动关系；安全和效益呈同向变动关系；安全和流动呈同向变动关系。在家庭运营过程中，要合理地、不断变化地对"三性"资产进行动态配比，寻找最佳结合点，而且这个最佳结合点要随家庭的治理结构、管理机制和家庭环境等因素的变化而有所侧重。只有安全性得到保证，才能获得效益；只有资金周转起来，才能使家庭的各项活动得以正常运转，进而满足家庭成员的需求，获得效益，所以安全性和流动性是保证银行获得效益的条件。但是"三性"之间存在着矛盾：安全系数大的资金，通常盈利水平低；而安全系数小、风险大的项目，往往盈利水平高。

目前大部分的家庭主体，受到的投资教育还比较欠缺，在家庭管理方面还不规范、不成熟、不完善。因此，在家庭管理的初期阶段，建议家庭管理以安全性为前提，以求资产的保值；如果能逐渐采取合理的经营方式，坚持"安全性、流动性和效益性"的原则，不断开拓进取改革创新，就一定能健康迅速地成长起来。

2. 符合标准流程要求

随着生活中的诸多问题的解决，家庭中的各个主体对于解决问题的规律也在逐渐积累，这些规律积累起来，即是科学完成家庭独立事件的标准流程和基本规律。通俗一点的描述就是：知道解决什么问题，具有解决问题的思路，能够找到解决问题的方法，掌握解决问题的流程，进而能够实现问题的有效解决。对于家庭组织中的成员来说，如果不知道事件中包含的问题，不懂解决问题的思路，找不到解决问题的方法，没有支撑解决问题的措施，那么，问题的解决肯定没有成功的把握。

简单来讲，家庭工作的标准流程包括四个步骤：一是接受任务、理解目标；二是分解细节，准备周到；三是安排动作，合理妥当；四是组织实施，恰如其分。

具体来说，家庭工作的标准流程可以包括家庭事务的接受工作、家庭事务的解释工作、家庭事务的准备工作、家庭事务的安排工作、家庭事务的请示工作、家庭事务的跟踪工作、家庭事务的汇报工作和家庭事务的评价工作八个阶段。

家庭事务的接受工作是指家庭成员在接受家庭中的"执行董事"或"财务负责人"的工作委托时，意味着接受该工作，需要认真倾听、深入领会任务安排，如果不能准确理解工作的核心任务，需要深入请教以明确要求。"执行董事"或"财务负责人"对于家庭成员对所接受的工作任务明显考虑不周或该任务本身有重大困难因素时，应对家庭成员进行提醒。

家庭事务的解释工作是指面对家庭中的工作任务，第一时间需要完成对工作任务的消化理解，便于自身完成任务或向家庭成员中的其他不清楚该项工作的合作者进行解释。这时需要厘清工作思路，分析这个工作任务在家庭的工作体系中处于什么位置，是否之前有做过类似的事务，形成过对应的工作方法，如果没有直接对应的工作标准，则需要与其他家庭成员共同协商完成任务前期计划的制订工作。

家庭事务的准备工作包括两部分内容：一是完成需要自己实际完成的家庭工作项目；二是对完成该项家庭工作需要的外部条件进行扎实有效的筹备工作，力争确保工作完成质量的前提条件，对于工作做到高度重视、仔细周到、充分有效。家庭事务的准备内容包括完成工作所需要的人、财、物三个方面："人"是指需要哪些家庭成员的参与、协助、支持；"财"是指完成任务所需的交通、资料及其他相关费用；"物"是指完成任务所需要的硬件及软件支持。对准备工作的计划可以落实到纸面上，建立备忘录，以保证家庭工作的顺利完成。

家庭事务的安排工作包括家庭中的"执行董事"或是"财务负责人"对家庭成员工作的具体安排，也包括家庭中的任务承担者对承担的工作在开始处理前确定的工作思路、工作重点、工作目标等进行进一步明确和统筹计划。工作安排尽量落实到每个家庭个体，需要针对工作目标、工作截止时间、工作条件、相关人员的配合等要求明确而具体；对工作中涉及的外部因素尽量考虑周到细致；对工作完成需要分解的环节步骤设计尽可能科学、可行、高效，能够确保工作效率、工作质量。

家庭事务的请示工作是完成工作过程中出现超越自己处理权限的问题，出现需要变更原审批执行计划内容，在规定时间内已不能完成工作任务，或出现自身可控预期之外的异常情况等，都要向家庭的执行董事或者财务负责人进行及时请示。请示时最好可以拟定多个可供备用选择的处理方案。对于家庭的领导者来说，对家庭成员的指示要清晰准确，尽可能不让家庭成员感到疑惑，确保工作高质量、高效率地完成。

　　家庭事务的跟踪工作是指作为家庭工作的负责人，"执行董事"或者"财务负责人"要想控制工作的进度和达到预期目标，需要有效跟踪处理过程。跟踪工作的关键点是工作开始前了解各项准备是否到位，工作过程中是否按预定时间完成了家庭任务的节点，每个节点是否达到预期目的，是否出现预期之外的异常情况。工作中相关家庭成员的配合或交接等是否到位。跟踪过程中发现的问题要及时纠正处理，对工作完成过程中影响工作进度、工作质量、工作结果的困难或问题，要及时支持或解决。

　　家庭事务的汇报工作是工作处理过程中非常重要的环节，要根据工作重要性及领导关注度及时恰当汇报。汇报内容可以分为两个方面：一是在事务处理过程中遇到的困难，可以以口头形式或者书面形式向家庭负责人汇报，以得到问题的解决方法；二是在任务进行中的阶段性任务完成时的时间节点，向家庭负责人汇报阶段性成果，以明确下一步的任务走向。

　　家庭事务的评价工作是家庭负责人与家庭成员针对工作计划中确定的核心目标，以完成工作过程中产生的客观资料为依据，结合核心目标的达成情况、时间效率对工作参与人员的表现进行准确评价分析。评价工作的目的是改进工作标准，通过工作计划与工作过程进行对比评价，改进执行力或计划科学性。评价既意味着一项工作的结束，也是新工作的开始；既包括工作总结，也包括结果奖罚。

3. 家庭工作的 PDCA 循环

PDCA 循环最初是一种质量管理方法。PDCA 四个字母代表不同的管理阶段，分别有不同的含义，具体如图 2 - 2 所示：

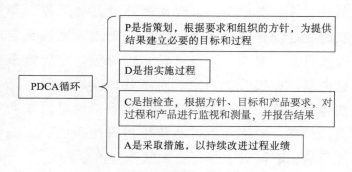

图 2 - 2　**PDCA 循环管理四阶段**

PDCA 螺旋式循环的管理思想不仅适用于质量管理，它在很多管理活动中都有很强的指导意义。作为一个管理循环，PDCA 每一个环节都紧密相连，每一步既可以作为起点，也可以作为一个循环的终点。每完成一个循环，管理水平都应该有一个改善和提升。

通过分析 PDCA 循环理论，家庭在不同的循环阶段，导入相应的管理会计工具体系，从而构成家庭管理会计循环体系，实现管理会计的闭环管理。不同的管理会计工具互相作用和影响，可以循环提升家庭管理水平，以达到创造价值的目的。

计划阶段（P）：家庭预算管理。预算反映了一个经济主体在收入和支出层面对未来的规划。家庭预算管理是利用有计划性的预算对家庭内部资源进行规划和分配，以便有效地组织和协调家庭的收入支出活动，完成既定的家庭理财目标。家庭预算表的设计参照银行、企业等经济主体的预算表的格式和形式，时间可以是日、月、季和年。家庭预算管理具有规划、预测等职能，可以有效落实家庭战略规划。家庭预算管理不应该只关注家庭的财务会计指标预算，也应该重视家庭内部管理提升的需求。对于具体实施路径，既可以在传统预算中增加管理会计的内容，也可以单列管理会计预算。预算内容围绕价值提升的主题，不同资产规模的家庭可以围绕自身家庭管理需求。

实施阶段（D）：家庭成本费用管理。成本费用管控也是家庭管理会计的核心内容之一。家庭作为一个整体在开展业务时，最基本的也是最基础的就是要有资金的支持。成本的管理并不代表把成本压到最低作为最优情景，而是以尽量达到最高的性价比为目标，即每一笔资金能得到最充分的利用。成本管控需求要反映在预算环节，最终落实在管理环节，管理的效果则反映在绩效评价中。

检查阶段（C）：家庭管理会计报表。在家庭事务中，每笔业务的检查也是不可或缺的，在经过了计划阶段和实施阶段后，需要对实施的过程进行检查。检查阶段通过将信息录入家庭管理报表作为途径，家庭管理报表的形式相比其余主体的报表要更简单、更明晰，同时可以根据家庭自身情况自行设计项目，通过家庭管理会计录入系统进行录入，对每个家庭进行量身定制。

总结提升阶段（A）：改进和提升。A 代表着行动，是措施。家庭管理会计体系要求家庭对运行中好的流程和方法，要不断总结和提升；对于存在缺陷的地方，也要不断完善；家庭成员应协作建立相应的家庭事务规范，强化家庭风险的控制和管理。面对家庭管理会计运行中暴露的各类问题，也只有通过家庭成员不断进行制度和方法的完善才能步入良性循环发展的轨道。因此，家庭也很有必要将风险控制体系建设作为管理会计体系的重要组成，纳入框架体系的建设中。

三、家庭管理会计的突发原则——风险平衡

1. 具备处理突发事件的能力

从理论上讲，处理突发问题的能力构成如图 2 - 3 所示：

结合实际来说，一方面，改革开放 40 年来，家庭财富的增加使得家庭逐渐摆脱纯社会组织的单一功能，从而具备更加重要的经济组织功能，家庭财富管理的需求十分强劲。另一方面，中美贸易谈判、经济结构

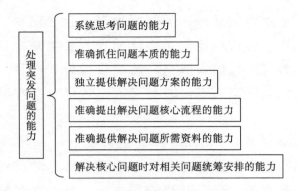

系统思考问题的能力

准确抓住问题本质的能力

独立提供解决问题方案的能力

处理突发问题的能力

准确提出解决问题核心流程的能力

准确提供解决问题所需资料的能力

解决核心问题时对相关问题统筹安排的能力

图 2 - 3　处理突发问题的能力的构成

转型等发展不确定性的增加，对财富创造的影响从宏观经济总量到中观经济实体逐层传导，并最终影响到微观家庭。因此，家庭中也会遇到外部风险和突发事件。

在家庭的发展中，需要在原有的计划目标基础上，不断地调整现有的发展模式，为了更好地适应社会的发展，应对各种风险，需要及时地了解社会的发展动态，学习风险管理方法。家庭财富的风险加大、难度加大，因而对于具备处理突发事件的必要性和专业性的要求提高。

2. 建立风险清单

家庭中可能面临的风险许多是无法度量的，要靠判断。为了加深对家庭中可能面临的风险的认识，可以建立风险清单。家庭管理会计中所讲的风险主要是指外部环境变化带来的风险，包括政治风险、政策变化风险、通货膨胀风险、外部自然环境变化对家庭成员健康的威胁风险。同时，还有些无法定性衡量的意外事件带来的风险，例如孩子在外惹事、家庭里的主力生病、家庭出现意外变故、家庭成员失业、家庭成员犯罪等，都会为家庭带来很多的风险。

家庭的财富越来越多，财富的积累速度越来越快，但是基尼系数没有丝毫降低的趋势，甚至越来越高，也就是说家庭之间的财富差距越来越大。

高收入家庭的财富结构日趋多元，但需要更好地进行组合管理，有效防范风险，促进家庭财富的保值增值；低收入家庭财富有限，需要最大限度地有效利用资源，提高家庭的财富创造和积累的能力。

家庭资源的优化配置是所有家庭关心的问题，也正是家庭管理会计的重要意义之一。家庭在决策过程中需要非常慎重，因为关系到家庭的生计和发展，所以需要对家庭的现状有清晰的了解，熟悉家庭在发展中应该规避的方向，对于家庭的未来发展趋势有科学的预测。

3. 避险计划

在风险清单建立之后，识别了目前可能存在的风险后，就需要建立适当的避险计划来规避风险。避险计划可以有很多，例如家庭保险筹划、转移风险、合理规划投资如购买黄金等避险资产等。避险计划的作用不是实现财富的升值，而是在遭遇重大的内、外部风险时，起到一个保护垫的作用，防止财富瞬间遭受无法弥补的损失。

家庭随着时间的推移在不断发展，人员结构、资产规模等都在不断变化，但是家庭的经济职能作为家庭主体的基础是没有变化的。经济职能贯穿了家庭发展历程的每一个时期。从无忧无虑的未成年人到成家立业的年轻人，再到养育子女的中年人，最后到退休之后的中老年人，在每个人生阶段都需要经济职能在其中起作用。家庭主体在人生中的每个阶段的风险偏好是不同的，随着年龄的增长，风险偏好先上升再下降，避险计划的作用也就不言而喻了。在资本积累的初期和身体日益衰弱的老年，各种避险工具的作用就愈发显现。对于老年人来说，要提前做好财力储蓄和人力储备，相关部门也要完善社会保障制度。

从家庭理财的角度出发，众多的家庭理财工具分为以下两类：一类是起到资产保值作用的避险工具，除了平常熟悉的银行存款、现金、黄金之外，商业保险、债券以及稍有波动的房产、外汇都可以当作避险工具使用；另一类是起到投机增值作用的风险投资工具，包括公募私募基金、股票、期权、期货以及银行理财净值型产品等。家庭资产应该合理配置这两类资产，以达到收益性和安全性，两类理财工具的合理搭配使用也可以规避风险。

家庭避险计划既要有短期目标，也要有长远规划，比如孩子的教育问题、养老问题，只有提前做好准备，才能在自己有需要的时候从容面对。

第二节　家庭管理会计的对象及影响因素

家庭管理会计主要的对象是家庭财富，或者说是家庭的资产与负债。

一、家庭管理会计的对象

我国经济的高速发展，带来了居民财富的加速积累，个人可支配收入也在迅速增加。根据国家统计局的数据，2018 年城镇居民人均可支配收入已经达到 4 万元，相比较十年前已经增长两倍多，对于一个三口之家来说，这意味着一年有 12 万元的可支配收入，家庭财富的积累正在加快进行。同时，城镇居民家庭的恩格尔系数也在逐年降低，如图 2 - 4 所示。2018 年食品支出占个人消费支出的比重已经下降到 25%，人们有更多的资金进行其余消费活动。

与此同时，中国个人持有的可投资资产总体规模在迅速扩张。可投资资产不仅包括各类金融资产（包括但不限于银行理财、股票、债券、基金、保险、信托、期货等），也包括各类实物资产（包括但不限于

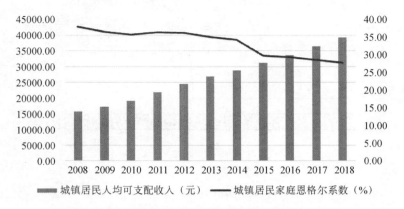

图 2-4 城镇居民人均可支配收入与家庭恩格尔系数

数据来源：Wind.

投资性房地产、名人字画、艺术品等）。

　　对于近几年的我国家庭财富管理来说，因为发展起步较晚，资产配置手段还比较单一，一半以上的资金存入银行成为储蓄。随着家庭财富管理的不断普及，居民储蓄在居民投资资产构成中的占比逐年下降，2017 年首次降低至 50% 以下，此后一直保持在 50% 以下。银行理财的占比开始提升，相比于五年前的占比已经接近翻倍，在投资资产中的占比接近 20%。信托资产、股票投资排名三、四位。

　　由此可见，虽然我国民居财富近几年增长迅速，持有的可投资资产的规模日益庞大，但是配置资产的多元化程度较低，银行存款和银行理财的配置占比合计达 70%。家庭对于资产配置或是因为风险偏好的原因，或是因为家庭财富管理知识相对匮乏，财富管理手段比较单一。

因此，基于家庭管理会计的学习进而掌握家庭财富管理的基本方式方法，是有其必要性和有益性的。

二、家庭资产配置的影响因素

1. 家庭生命周期因素

一般把家庭生命周期划分为形成期、成长期、成熟期、衰老期四个时期，四个时期内，家庭主体的目标和期望不同，因而家庭使用家庭管理会计的手段进行财富管理的目标也因时期的不同而不同。

处于形成期的家庭，虽然家庭主体财富积累有限，但是因为成员年龄低、发展潜力大，可以承受较高的风险，同时由于家庭成立初期购房购车的要求，一般来说负债杠杆比较高。成长期的家庭，资产逐年增加，开始控制投资风险，同时房贷逐年缴纳，负债开始降低。处于成熟期的家庭，资产达到最高峰，子女也已经有了稳定的收入，还清了负债，这时投资已经不太重要，重点是抵御风险事件的发生。处于衰老期的家庭，家庭主体身体状况下滑，收入方面依靠养老金及养老保险收入，风险承受能力变差，投资方面更加追求资产的保值。这个时期的家庭应以获取固定利息为主，同时旅游休闲消费和医疗费用增加，食品、教育、房产等支出减少。

针对不同的家庭主体在生命周期中所处的位置，

所应使用的财富管理策略也是不同的。在不同的周期，综合考虑家庭财富的规模、家庭成员的风险偏好、家庭成员的预期收益等因素，需要合理配置家庭财富以达到家庭目标。一般来说，家庭主体正值青壮年，财富规模正在成长期的家庭，在保证流动性的同时，可以适当增加杠杆，资产投向可以偏向风险较高的产品，以得到高收益。当家庭主体正值孩子幼年或是中老年，则需要预留出相当规模的资金用于子女养育教育、休闲养老看病等，同时资产配置也应选择稳健收益的投资品。

通过对家庭生命周期的分析，可以发现处于不同家庭生命周期的人们的收入、支出、储蓄、居住、资产、负债等的差异以及各个周期的家庭成员心理状态和所追求的目标的变化等。

2. 收入因素

一般来说，对于一个家庭，收入主要包括劳动所得的工资收入、奖金收入以及一些福利等，家庭主体的收入是家庭财富主要的且是稳定的来源，因此收入对于家庭资产配置的影响是非常重要的。家庭的收入也与家庭生命周期有一定的相关关系，通常随着家庭的日益成熟，收入也会不断上升。

收入的规模和结构都会影响家庭资产配置。从规模来讲，规模越大，家庭主体所能支配的收入越多，就可以进行充分的资产配置，可以有充裕的资金做好风险对冲、投机套利等金融工具的配置；相反，资金规模小的家庭在扣除流动性资金后，所剩余的资金不足，所能配置的资产也就有限。从结构来讲，收入的及时性、稳定性、流动资金的多少也都影响资产配置，收入越及时、稳定性越强、可支配的收入越多，所能进行的配置余地和操作就更容易实现。

3. 风险偏好因素

家庭作为一个由少量个体构成的经济主体，与其他大型经济体的区别是家庭经济主体的决策更容易受到家庭主体主观偏好的影响。家庭主体的管理者和决策者的投资偏好会导致家庭整体投资风格不同，进而影响资产配置。需要注意的是，风险偏好与家庭成员的收入水平无必然关系，收入较低的家庭也可能拥有较高的风险偏好。

风险偏好较高的投资者会引导其家庭资产配置的风险偏好变高，家庭资产配置更多地选择持有较少的流动性资金，并配置高收益、高风险的投机性资产；风险偏好较低的投资者会引导其家庭资产配置的风险偏好变低，家庭资产配置更多地选择持有较多的流动性资金，资产配置也会以获取稳健收益的保值性产品为主。

4. 家庭受教育程度因素

对于资产配置来说，仅仅有收入规模和风险偏好并不代表家庭主体就可以顺利进行投资。家庭资产配置的主体是具有主观能动性的家庭成员，因此家庭成员的知识储备、受教育程度的高低、对于经济金融的把握、对理财业务的理解会直接影响一个家庭的资产配置收益率。

家庭成员受教育水平对家庭资产配置的影响主要体现在以下两个维度：

一是家庭成员的职业差异。职业的差异不仅代表着家庭收入的基数，也决定了家庭的资产配置能力。具体来讲，从事的职业收入越高、职位越高，代表家庭拥有更稳定的现金流、更充足的资产储备；若从事经济类工作，则代表了对于基本的经济常识有了解，更有理财的知识储备；职业的差异也代表了家庭的社交圈不同，较高水平的社交圈的信息互通更有利于资产配置的成功。

二是学习潜力的差异。学习潜力往往与家庭受教育程度呈正相关关系。一般来说，家庭受教育程度越高，则知识储备越丰富、学习能力越强。因此，在家庭资产配置的过程中，受教育程度更高的家庭往往更占优势，他们本身对收益和风险有更清晰的分析，对于经济金融知识有更深厚的储备，对于宏观经济研判和大类资产配置有更深刻的认识，从而在家庭资产的配置上更有优势。反之，对于受教育程度低的家庭，知识储备和经验相对不足，在家庭资产配置的过程中难免左支右绌，对于风险把握不准，甚至会遭受更大的损失。

5. 社保制度的差异因素

对于家庭财富的管理来说，基础资产的积累、投资的风险偏好及家庭受教育程度等主要对家庭财富的投资端起作用，这些因素决定了资产获得收益的多少。同时，家庭除了投资外同样面临着外部风险的冲击，如意外交通事故的发生、疾病的突然来袭等，此时则需要一些防御性资产进行风险的化解，将负面影响降低到最小。在面临这些意外情况时，社会保障制度则是重要的解决措施。社保制度作为普惠大众的政策，会显著提高家庭应对外部风险的能力，为家庭避险提供良好的保障。如前文所述，在家庭生命周期的最后阶段，需要加大保障性资产的投入，例如购买商业养老保险或重疾险等，来应对可能发生的疾病或变故。社保制度的普及会降低家庭配置保障性资产的成本，成为保障性资产的有效补充，对于并不富裕的家庭，仅靠社保制度也可以进行基本的风险规避。针对我国家庭的现状，家庭可支配收入并不十分富足，人口老龄化也没到严重的程度，家庭的风险规避意识不强，普通家庭对于保障性资产的投入并不迫切，但也因此留下了隐患。而较为成熟的社保制度可以强制为普通家庭架构一层安全网，能在家庭遭受风险时受到更小的损失，也可以为家庭可支配收入配置金融资产取得更大的空间。

6. 社会关系的影响因素

俗话说"近朱者赤、近墨者黑",家庭的资产配置并不是完全独立自主的行为,资产配置的选择不仅受到家庭成员选择倾向的影响,也会根据外部家庭或整个社会的配置倾向而做出改变。

家庭资产配置合理借鉴外部配置建议,可以在一定程度上避免信息不对称带来的信息盲区,防止自身投资方向出现逆势而进一步造成投资亏损的现象出现。

在家庭资产配置的过程中,有以下几种途径可以向外界进行资产配置信息的获取:一是向国家认证成立的专业的投资机构进行咨询,例如各大银行的私人财富管理部门。随着私人理财业务的蓬勃兴起,银行代客理财业务愈发成熟,有足够的能力开展使用家庭财产进行大类资产配置。除了购买银行理财产品外,也可购买家庭理财顾问业务。二是通过和自己社会关系中有交集的家庭进行家庭资产配置信息的互通,定期交流理财经验和对下阶段资产配置的看法,参照其他家庭的投资行为。各个家庭虽然投资水平不同,但是信息的及时交流可以弥补家庭自身知识储备的不同,缓解信息不对称的现象,但同时也需要注意进行信息的甄别,防止听信虚假消息造成财产损失。

第三节　家庭管理会计的目标

根据马斯洛需求理论，生理需求、安全需求、社交需求、尊重需求和自我实现需求是人生从低到高的需求层次，人的一生都在不断追求更高的需求层次。对于家庭来说也是如此。一个家庭的目标也是不断发展的，随着家庭财富的积累，不断提升生活水平，以达到更加幸福美满的家庭生活。为实现这一目标，就要求家庭成员合理配置家庭资源，打造适合家庭自身特点的风险收益组合，以实现财富的保值和升值，为幸福生活打下坚实的基础。而家庭管理会计在向资源提供者反映资源受托管理情况的基础上，实现资源的优化配置，进而提高家庭的经济效率和经济效果，实现家庭价值最大化。

一、家庭财富管理的愿景

由于每个家庭的资源禀赋不同，家庭成员能力和目标也千差万别，导致每个家庭的目标和期望是不同的。但是总的来说，家庭财富管理的愿景可以归结描述为满足需求、实现愿景、和谐发展三个层次，这三个层次是逐渐递进的关系。

满足需求是指家庭可以维持家庭成员的日常需求，例如日常衣食住行的基本需求的满足、基本生活成本的支付。为了达到满足需求的目标，家庭需要衡量自身的家庭收入是否稳定可观、现金储备是否能满足日常基本生活需要、住房条件是否舒适、是否享受了一定的社保和养老福利、是否配置了适当的人身保险及财产保险等，如果以上条件得到满足，则可以说达成满足需求的目标。

所谓实现愿景则千家万户各不相同，根据各个家庭的需求和条件而有所区分，甚至两个相同职业的人因为欲望不同，所期望实现的愿景也不同。它可以是指财务方面的自由，即家庭成员的收入可以完全覆盖家庭成员的支出且有充足的盈余，家庭成员可以有充足的资本做自己想做的事情，而不会为生计所迫；也可以是指家庭成员满足了精神和物质层面的追求，精神世界得到了满足，实现了自己人生的目标等。

家庭财富管理的终极目标是和谐家庭，是指实现了家庭价值的最大化，这是家庭愿景的最高层次。有的家庭可能实现了前两个层次的愿景，但是只是各个家庭成员分别实现，家庭关系可能并不和睦。和谐家庭意味着家庭成员满足了自身的需求和实现了自身的愿景后，家庭关系变得紧密和和睦，体会到了家庭的温暖和亲情，这样的和谐家庭的关系才应该是超越了需求和愿景的更高层次的需要追求的目标。

二、为实现家庭管理会计目标的具体措施

1. 必要的资产流动性

家庭过日子是过的流动性，没有流动性的家庭必然不会过得十分幸福。中国的家庭大多重视储蓄，虽然积累了财富，但是遇到紧急情况的变现能力不足，所以也埋下了一定的隐患。在家庭资产配置的过程中，拥有一定额度的资产流动性是十分必要的，通用做法一是可以根据家庭近况预留出 3—6 个月的工资作为流动资金，虽不产生效益，但是可以防止意外情况下的流动性匮乏问题；二是可以配置变现能力较强的资产，例如 T+0 交易结构的金融资产如货币基金以及黄金等，在紧急情况下可以快速变现。

2. 适度的消费支出

消费支出是一把"双刃剑"，需要控制其合理度，理性的消费支出可以提升家庭的幸福感，而过度消费不利于家庭的稳定和家庭财富的积累。一个家庭要合理把握消费和储蓄的界限，可以减少不必要的奢侈品消费，但同时不必过分克扣，寻找二者效用最高的组合配置。在日常生活中，可以以收入为基础做好消费方面的规划，同时预留出超出消费规划 10% 的资金用于提高消费幸福感和生活质量，再将其余的资金用于储蓄。

3. 较高的教育期望

教育改变人生，教育改变命运。随着时代的发展，人们对教育愈发重视，家庭对家庭成员的教育投资占比也日益增加。教育作为一种长期价值投资，可以改变家庭成员的精神面貌，提高知识储备，同时也有利于家庭的持续发展和进步。由于教育规划本身的时间弹性和费用弹性较低，及早规划能够确保家庭适时支付需要的教育费用，实现对自身和子女的教育期望。

4. 完备的风险保障

家庭财富在积累的过程中，风险也在不断积聚，过大的风险可能导致积累的财富血本无归。家庭所面临的风险不仅包括风险属性的投资所带来的风险，也包括意外事故和家庭成员疾病的发生。为了防范生活中无处不在的风险，家庭需要采取必要的风险防范措施。面对家庭投资所面临的风险，可以进行风险对冲和固定收益产品的配置；面对意外事故和家庭成员疾病的风险，可以购买商业健康险、人身意外险等保险产品，使意外发生时的损失降到最低。

5. 稳定的投资收益

家庭财富的积累离不开存量资产获得的投资收益，随着国内投资收益日益下行，且投资品风险不断积聚，家庭财富亟待获取稳定的投资收益。家庭财富的积累不仅需要"节流"，更需要"开源"。在保证消费支出规划得到满足的前提下，剩余资产可以尽可能地通过家庭投资获取更高额收益，且不发生重大风险事件，这是家庭财富管理的重要目标。

6. 合理的纳税安排

依法纳税是宪法赋予每一位公民应尽的义务，合理的纳税安排可以增加国家宏观税收收入，适度的纳税优惠有利于提高家庭成员积累家庭财富的信心和动力。利用税收政策的优惠和差别待遇，可以对家庭主体的工作和投资行为产生影响。

7. 完善的健康保障

完备的医疗条件和健康的身心身体是革命的本钱，家庭成员无时无刻不在面临着来自家庭的、学业的、工作的等多方面的压力，也会因为学业或者工作透支自己的身体，虽然最后可能得偿所愿，家庭财富得到了不断的积累，但身体可能出现了多方面的问题。有的人得了一些生理疾病，有的人可能心理出现了问题，这些都为家庭财富的积累增添了障碍。一个健康的身体和心理对于一个家庭成员来说是十分重要的。除了家庭成员自身需要做到平和心态、自我调节、坚持锻炼和调理之外，也需要相关医疗机构进行身体和心理上的治疗。

8. 无忧的晚年生活

在家庭生命周期理论中，晚年生活是一个相对脆弱的阶段，此阶段资产的保值成为资产配置的主要策略，且需要预留出更大部分的流动资金以应对不时之需。可以对养老产品进行提前布局，提前参与养老金计划、购置商业养老保险，参与社会保障体系，提前构筑安享晚年的支撑网。

9. 稳妥的财富传承

家庭是一个持续的概念，可以世代传承。为了维持家庭的繁荣，稳妥的财富传承是十分必要的。具体来说，一是要注意夫妻之间、子女之间的感情维系；二是要加大教育投资及保险投资的力度，丰富家族底蕴，规避意外风险；三是注意家风的塑造，努力打造杜绝奢侈浪费、不断进取的家族风气。

第四节　家庭管理会计中的角色分工

从家庭的形式和功能的演变过程可以看出，生儿育女不再是单纯的传宗接代问题，而更多的是涉及家庭的金融和财务问题。不论家庭功能如何变化，家庭的经济功能始终是保障，而且在家庭其他功能日益社会化的过程中，家庭的经济功能更显得尤为重要，而家庭管理会计处于家庭价值管理的核心地位，因此家庭管理会计中的角色分工也十分重要。

一、家庭组织分工的类型

俗话说"众人拾柴火焰高"，团队的力量是无穷的，对于家庭来说也是如此，家庭成员之间的默契配合可以极大地提高家庭运作效率。因此，我们需要一个组织，通过团队的协同运作来实现目标。对于家庭组织来说，也可以参照企业管理的原则，明确组织分工，互助互补，这是提高工作效率的必要手段。

家庭组织分工主要有两种类型。在第一种类型中，家庭的分工主要表现为代际分工。代际分工主要是指对于一般家庭来说，前辈对后辈有指导其成长的责任，晚辈通过前辈的指导得到极大的提高。在第二种类型中，家庭的分工主要表现为夫妻分工，是家庭中夫妻关系在经济生活上的表现。随着社会及经济的发展，女性就业机会增加，中国传统的"男主外女主内"不再是固定的模式，夫妻双方谁在外工作更有优势，另一方则将承担更多的家庭内部责任。在夫妻双方事业的时间成本较大的情况下，通过代际或雇佣专业人员承担家庭内部的养育、家务等责任，也可使得家庭成本最小，提高家庭的运行效率。

通过家庭分工，家庭成员就能完成比过去多得多的工作量，显著提高了工作效率，创造了更多的家庭价值。同时，劳动分工使得每个家庭成员各司其职又互相依存，提高了家庭凝聚力。

二、家庭组织的具体角色分工

在家庭管理会计视角下，家庭的含义更为丰富，本书将家庭定义为"家庭是由父母子女组成的，运用劳动力、资本、土地、才能、智力成果等各种家庭要素，创造家庭财富，并综合运用流动性管理、风险管理等工具，促进家庭财富保值增值、提高家庭综合效益的社会经济组织"。

家庭管理会计论中所指家庭是狭义的一夫一妻构成的社会单元，不是广义的家族。为便于理论阐述，文中所指家庭仅包括父亲、母亲、儿子、女儿两代人（没有子女的夫妻家庭也包含在内），不包括祖辈、孙辈等。假设父亲、母亲寿命为 100 岁，子女结婚年龄为 25 岁，生育年龄为 26 岁。每 26 年家庭组织架构发生一次变更，A 家庭裂变为由原父亲、原母亲组成的 B 家庭和子女结婚后的 C 家庭，周而复始，绵延不绝。在此基础上，本书对家庭进行角色分工。

参照企业管理会计人员分工，将家庭中的角色与家庭管理会计需要的角色进行一一对应如下：家庭中的执行董事为丈夫或者妻子，家庭财务负责人为二者中的另外一个。他们在 25 岁时，分别从原生家庭独立出去，成为新组成家庭的执行董事和财务负责人。丈夫和妻子共同制定家庭发展的战略目标和规划，针对家庭管理编制各项发展计划，记录和分析家庭经济业务，"捕捉"和呈报管理信息，控制经济活动，开展家庭决策，并进行决策控制。

1. 执行董事

执行董事从家庭中的成年人中选举产生，优先选取领导能力强、大局观好、可以领导其余家庭成员的家长。具体职能为运营家庭队伍，制定家庭的方针战略，保障队伍的分工，定期召开家庭成员会。

2. 财务负责人

财务负责人从家庭中的成年人中选举产生，优先选取财务基础好、懂得风险管理、细心细致、可以较好地完成家庭财务报表工作的家长。具体职能为负责家庭的财务工作，负责家庭事务中各类资金的收支划拨和记录，同时为执行董事建言献策。

3. 组员

家庭单位中的其余成员担任家庭分工中的组员角色，负责具体家庭工作的实施，服从执行董事的领导和安排，积极配合家庭财务负责人的工作，同时也需积极监督执行董事和财务负责人的行为，有问题随时向家庭其他成员反馈商议。

三、家庭管理会计师

家庭管理会计的社会专业服务体系是指为家庭从事家庭管理会计工作提供服务的一整套服务机构、服务组织和服务设施。

它承担了单个家庭做不了或做起来性价比不高的事务。这类机构虽然是以盈利为目的的，但是发展家庭管理会计不可缺少的因素。发展家庭管理会计的社会专业服务体系，促进家庭管理会计的专业化、商品化、社会化，是现阶段家庭管理会计工作的重要一环，是把家庭管理会计引向市场的重要条件。

家庭管理会计师属于社会专业服务体系，由家庭外部的专业服务机构提供系统的服务，是外部第三方机构，不是内部的组织布局。

家庭管理会计师是一个为家庭提供管理会计相关专业咨询服务的岗位，主要职能是为家庭提供管理会计相关咨询以及为家庭财富管理提供投资建议和专业化服务。随着家庭管理会计的规范发展，每个家庭对于家庭管理会计会越来越重视，家庭管理会计师等专业服务岗位也会蓬勃发展起来。目前市场上为家庭提供社会专业服务的机构不在少数，例如目前市面上的家政服务、家庭保姆、家庭医生、家庭律师等都属于为家庭提供的社会专业服务。但是家庭管理会计方面的专业服务机构比较欠缺，家庭管理会计师应时而生，必将促进建立全社会的家庭管理服务体系，在此基础上，推动其建立家庭管理会计师的行业标准，将使得这一服务体系更加完善。

第三章

家庭管理会计报表

在现实中，人们对财富的强烈追求与不掌握自身财富情况的矛盾，已经突出到无以复加的地步。一个家庭有多少资产、多少现金、多少生息资产、多少收入，计划多少支出，本应当像企业一样一目了然，但很少有人能够准确地回答。除了特别穷的人一目了然地知道自己的资产负债之外，大多数人无论是高净值人群，还是中等收入人群，对于家里有多少资产、资产负债率多少、流动比杠杆率怎么样都是不知道的。更进一步，关于家庭的风险偏好、家庭财富自由度也是不知道的。因而，做好家庭资产负债精准计量，运用综合的金融工具进行财富的管理和规划，运用预算、成本、量本利分析等管理会计手段来进行家庭财富管理，是十分必要也是十分紧迫的。

第一节　家庭管理会计要素

一、家庭资产

家庭资产在一般意义上是指所有家庭成员所拥有的，能够用货币计量的具有实际价值或未来经济价值的物品。这些物品既可以是实实在在的有形资产，如汽车、房屋、金银首饰等；也可以是一些所有权的证明文书，比如银行存折、专利文书等。资产总额是一个存量指标，家庭成员要想确认所有资产的具体价值，必须依靠科学的计量方式和会计理论对家庭资产进行合理的评估。家庭成员在合理评估的基础上编制出的家庭资产负债表，对家庭理财等目标才有实际意义。

家庭资产负债表、家庭收支储蓄表和家庭现金流量表是家庭使用的主要财务报表，资产负债表也被称为财务状况表。家庭资产负债表显示了指定日期结束时家庭的财务状况。我们将家庭资产负债表描述为该家庭在某个时间（a moment/point）的财务状况的"快照"。

家庭会计师通常会将家庭会计项目分类别地编制在家庭资产负债表中。"分类"是指家庭资产负债表科目按照不同的分类标准，以不同的分组显示。我们将资产按照其在家庭整体规划中的用途划分为流动性资产、自用性资产和投资性资产。

　　家庭流动性资产是指，预计在家庭资产负债表日期后一年内将变为现金或将用完的现金和其他资源。如果家庭资产的核算周期超过一年，则一项资产在经营期内可以转换为实际现金流或者全部消耗完，即为家庭流动资产。家庭流动资产按流动性顺序表示，即现金、临时投资、应收账款、库存、日常用品、预付保险等。家庭流动性资产的价值比较容易评估，一般以历史成本或市场公允价值来进行计量。

　　家庭自用性资产，也称消费性资产，是指能够体现一个家庭生活质量的类别资产。这类资产一般包括刚需性住宅、普通家具、家用交通工具（机动车、自行车等）以及一些收藏品等。家庭收入处于平均水平，但是已经拥有住房的家庭，自用性资产在总资产中所占比例较大，从数量上看，是家庭资产中最值得关注的类别资产。由于这类资产的现行价值受到诸多因素的影响，所以一般以历史成本来对资产进行计量。

　　家庭投资性资产，是指家庭在满足所有家庭成员的基本生活之后进行理财投资所形成的资产。购买这类资产的目的是使自己现有的资产保值增值而降低家庭富余资产的机会成本。这类资产一般包括家庭所投资的股票、债券、银行理财以及房地产。家庭会计师在评估家庭资产风险时，应该着重关注这部分资产。此类家庭资产一般有较活跃的交易市场，因此可以资产的公允价值进行计量。

二、家庭负债和家庭净资产

家庭负债是指家庭过去的活动、事项所形成的，预期会导致相关资源流出家庭的现时义务。家庭负债是家庭的义务，它们是应付给过去活动的债权人的款项，并且账户名称中通常带有"应付"字样，也可以将它们视为对家庭资产的债权。家庭负债还包括为将来的服务而预先收取的金额。与前文家庭资产的划分基础相对应，家庭负债包括消费性负债、投资性负债和自用性负债。

家庭净资产是用家庭资产扣除家庭负债后的余额。家庭净资产并不是一个独立的项目，它只表示家庭资产超过家庭负债的部分。家庭净资产是反映一个家庭资产积累速度的重要指标。

三、家庭收入

家庭收入是指家庭中的现金流入。家庭收入的来源形式多样，一般来说，家庭成员的工资流入是所在家庭的主要收入来源，同时也包括理财收入和其他收入。在做家庭理财时，应重点关注家庭收入，将家庭收入与家庭的日常支出进行对比，通过分析得出家庭下一周期切实可行的理财计划或避险策略。

四、家庭支出

家庭支出是指家庭为了满足家庭成员的需求而发生的现金流出。根据家庭支出的性质，本书将支出分为固定支出和弹性支出。固定支出是指家庭为了维持家庭成员的日常生活所必需的支出，这类支出短期内无法避免，也不容易通过策略来改变，家庭成员本身无法控制，是客观存在的支出，如家庭的住房贷款等。弹性支出是指家庭成员可以根据自己的实际情况和本身意愿来调节的支出，如外出聚餐、家庭娱乐活动等支出。

五、家庭结余

家庭结余也是家庭储蓄，是家庭收入大于家庭支出的部分。家庭结余也不是独立存在的项目，它必须通过家庭收入与家庭支出相减而得出。家庭结余反映了一个家庭在一个周期内的结余资金，对于家庭的理财计划具有十分重要的意义。

六、家庭管理会计恒等式

存量等式：家庭资产 = 家庭负债 + 家庭净资产

理财等式：家庭收入 – 家庭支出 = 家庭结余

　　其中，存量等式是家庭管理会计中的静态等式，是对家庭资产负债存量的计量，有利于家人了解目前的家底。一方面，家庭资产和家庭负债可以通过家庭会计自己的计量得到具体的金额，继而可以根据存量等式得到家庭净资产的金额。另一方面，家庭成员可以根据该等式的相对变化来了解家庭资产负债的变动情况。

　　理财等式是家庭管理会计中的动态等式，是对家庭收入支出状况动态的计量。家庭成员可以依据该等式对家庭一个周期内收入和支出的变动情况有一个整体的认知。家庭理财等式反映了家庭日常收支的动态平衡，对于维持家庭正常运转以及流动性的衡量都有十分重要的作用。

第二节　家庭管理会计报表

一、家庭资产负债表

1. 家庭资产负债表的内容（见表 3 - 1）

表 3 – 1　　　　　　　　　　家庭资产负债表简样

家庭资产	属性	金额	家庭负债及净值	金额
01 家庭现金及其等价物			16 家庭信用卡循环信用	
011 家庭银行存款（本币）	本金： 银行： 利率： 期限：		17 家庭小额消费信贷	
012 家庭现金			18 其他消费性负债	
013 家庭支票等票据			家庭消费性负债合计	
02 家庭应收账款			19 家庭金融投资借款	
021 借出而未收回的款项	借款人： 本金： 利息率： 期限：		20 家庭实业投资借款	
022 未收到的家庭成员工资	姓名：		21 家庭投资性房地产按揭贷款	
03 其他流动性资产			22 其他投资负债	
家庭流动资产合计			家庭投资负债合计	
04 家庭股权、债权及证券	股票代码： 持仓数量：		23 家庭住房按揭贷款	
05 家庭基金			24 家庭汽车按揭贷款	
06 家庭投资性房地产			25 其他自用性负债	
07 家庭保单现值			家庭自用性负债合计	
08 家庭外币类存款			家庭负债合计	
09 其他投资资产			家庭净资产合计	
家庭投资资产合计				

续表

家庭资产	属性	金额	家庭负债及净值	金额
10 家庭房屋	位置： 面积： 产权种类： 市场单价：			
11 家庭收藏品				
1101 古玩	品类： 年限： 珍稀程度：			
1102 字画	种类： 作者： 年限：			
1103 邮票	系列： 完整度：		家庭负债及净资产总计	
12 家庭金银等贵金属	种类： 重量： 市价：			
13 家庭汽车	品牌： 型号： 牌照： 公里数： 市价：			
14 大型家具				
15 其他自用资产				
家庭自用资产合计				
家庭资产合计				

2. 家庭资产负债表的编制基础

资产列：家庭资产负债表中的现金及银行存款均依据月底盘点余额来编制；股票价值＝股票数量×买价/月底股价，股票价值可用历史成本或市价来填列；债券价值以债券面值或市价为依据；保单以现金价值来衡量；房地产价值以买价或以房地产中介平台价格为参考（如链家等）；汽车价值以二手车行情（链接瓜子二手车等平台）为准。

负债列：信用卡循环信用以签单对账单确定价值；车贷、房贷和小额负债都使用账单月底本金金额，私人借款以借据记录的金额为准。

3. 家庭资产负债表的注意事项

（1）家庭资产负债表是一个存量概念，家庭会计应该确定以家庭月末、季末或年末数据为基础来进行编制。

（2）家庭会计首次编制家庭负债表时，应该对家庭资产和负债的状况做一个整体了解，评估家庭资产的市价和家庭负债的规模，并分别记录家庭资产的成本与现行价值。

（3）以公允价值计量的家庭资产及家庭净资产可以反映家庭的真实财富。

（4）家庭资产中的小汽车、家具等家庭自用性资产可以定期进行评估或按期折旧，以反映其真实价值随着家庭成员的使用而降低。

（5）家庭资产中的债权部分，应该在每周期期末进行一次评估，预计其收回的可能性。对于预计无法收回的部分，应该及时调整资产负债表的金额，以便于反映债权真正的市场价值。

4. 家庭资产负债表关系分析

（1）家庭流动性资产 – 家庭消费性负债 = 家庭流动性净值

（2）家庭投资性资产 – 家庭投资性负债 = 投资性净值

（3）家庭自用性资产 – 家庭自用性负债 = 家庭自用性净值

家庭中的流动性资产可以理解为家庭成员的生活备用金，家庭的自用性资产满足家庭成员的效用性，家庭投资性资产满足家庭资产的收益性。随着家庭周期的改变，家庭投资性资产的比重应该逐步提高，以使得家庭的被动收入不断提高。在负债方面，家庭成员的消费性负债应该尽量减少，家庭成员的自用性负债必须考虑家庭的偿债能力和家庭现有的负担能力，家庭投资性负债应该在家庭投资获利后及时还清。

5. 编制家庭资产负债表易犯的错误

（1）资产与负债定义不清楚。一是把收入当作资产、支出当作负债。当期实现的收入和支出是流量，都应该直接列入收支储蓄表。二是把寿险保额当作资产。只有保单现金的价值才能列为资产。

（2）漏记资产和负债项目。住房公积金账户余额、个人养老账户余额以及医疗保险个人账户余额，也应当列为投资性房地产。

（3）资产价值计算不正确。不同资产项目的计价基础不一致，有些资产以成本计算，有些资产以市价计算，不能加总。可分别制作以成本计算和以市价计算的资产负债表，资产负债表各项目的价值计算时间不一致。

二、家庭收支储蓄表

1. 家庭收支储蓄表的内容（见表 3 - 2）

表 3 - 2　　　　　　　　家庭收支储蓄表简样

项目	金额
家庭工作收入	
其中：薪资收入	
其他工作收入	
减：生活支出	
其中：子女教育金支出	
家庭生活支出	
休闲娱乐支出	
医疗支出	
社交礼仪支出	
继续教育支出	
其他生活支出	
工作储蓄	

续表

项目	金额
家庭理财收入	
其中：利息收入	
资本利得	
其他理财收入	
减：家庭理财支出	
其中：利息支出	
保障性保险保费支出	
其他理财支出	
家庭理财储蓄	
家庭储蓄	

（1）家庭储蓄表中家庭收入的编制基础。

我们将家庭收入基本上分为两类：家庭工作收入及家庭理财收入。在家庭工作收入下薪资收入主要用来记录家庭成员正式工作的工资收入，其他工作收入包括家庭成员兼职或提供其他劳务所获得的报酬。家庭理财收入包括家庭银行存款或借款的利息收入、家庭对外投资所获得的资本利得收入以及其他理财收入。

（2）家庭储蓄表中家庭支出的编制情况。

与家庭收入相配比，我们将家庭支出也分为两类：家庭生活支出和家庭理财支出，其中家庭生活支出包括家庭成员衣、食、住、行、医疗、教育、休闲娱乐等多方面的消费性支出以及其他支出（例如，捐款等）；家庭理财支出包括家庭借款所承担的利息支出、为家庭成员投保的保费支出以及其他支出。

（3）家庭储蓄表中等量关系。

家庭储蓄表中存在一定的勾稽关系：

家庭工作收入 – 家庭生活支出 = 家庭工作储蓄

家庭理财收入 – 家庭理财支出 = 家庭理财储蓄

家庭工作储蓄 + 家庭理财储蓄 = 家庭储蓄

根据上述等式，配合下文将要提到的家庭储蓄运用表，家庭会计师或决策者就可以对家庭储蓄的构成进行分析，并依据各储蓄部分贡献率的高低来制订未来的家庭储蓄运用计划。

2. 储蓄运用分析

依据储蓄运用表和运用分析（见图 3 – 1 和表 3 – 3），储蓄分为自由储蓄和固定储蓄。固定储蓄在一般的家庭生活中也不具备可随时支配的特点，流动性不强。自由储蓄为家庭可自由使用的现金，可用于家庭的日常消费，对于分析家庭的财务自由度有着重要的意义。

每个家庭成员都应该努力开源节流，提高家庭储蓄额，逐步提升家庭储蓄中自由储蓄的比例，提高财务自由度。家庭成员可以依据自身家庭的情况，参考图 3 – 2 来提升自由储蓄比例。

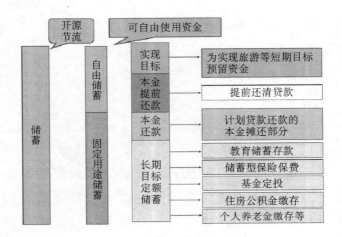

图 3 - 1   储蓄运用分析简示

表 3 - 3   家庭储蓄运用分析简表

项目	金额
家庭固定用途储蓄	
其中：家庭住房公积金个人账户年缴存额	
家庭基本养老保险个人账户年缴存额	
家庭基本医疗保险个人账户年缴存额	
家庭还款本金	
家庭基金定投	
家庭商业保险储蓄性消费	
家庭教育储蓄存款	
家庭自由储蓄	
家庭总储蓄	

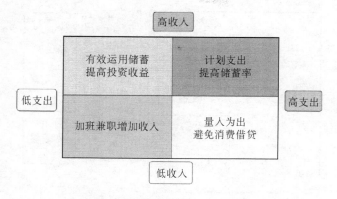

图 3 - 2　家庭自由储蓄矩阵

3. 编制收支储蓄表易犯的错误

（1）把账面损益，即资产成本与市价的差异，计入收入。正确做法应该是未实现的浮盈不能视为收入，未实现的浮亏不能视为支出。

（2）出售赚钱的股票，所有的现金流入都计入收入。正确做法是只有资本利得部分可记收入，原购股成本只是将股票转成现金的资产调整。

（3）房贷本利摊还时，利息和本金都记支出。正确的做法是只有房贷利息记录为支出，还本使现金与房贷同时减少，是资产负债的调整。

4. 家庭资产负债表和家庭收支储蓄表的关系

如果家庭负债表的相关项目都以成本核算，本期净值变动额等于当期储蓄，具体情况如图 3 - 3 所示。

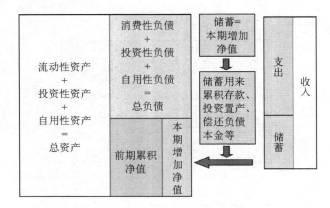

图 3 - 3   家庭成本核算

三、家庭现金流量表（见表 3 - 4）

表 3 - 4   家庭现金流量简表

项目	金额
一、家庭现金流入	
1. 工资、奖金产生的现金流入	
2. 出租资产产生的现金流入	
3. 收回借款本息产生的现金流入	
4. 收到银行储蓄利息产生的现金流入	
5. 家庭理财产品产生的现金流入	
6. 从他方借贷产生的现金流入	
7. 其他现金流入	
家庭现金流入合计	
二、家庭现金流出	
1. 日常生活产生的现金流出	

续表

项目	金额
2. 偿还房屋、汽车贷款产生的现金流出	
3. 购买理财产品产生的现金流出	
4. 归还借款及利息产生的现金流出	
5. 家庭承担税务产生的现金流出	
6. 其他现金流出	
家庭现金流出合计	
三、家庭现金净流量	

家庭的现金流量分类不同于企业，为简化家庭成员的工作量，我们将家庭的现金流量直接分为现金流入和现金支出，两者之差为家庭的现金净流量。

编制家庭现金流量表具有以下几点重要性：

第一，编制家庭现金流量表有助于家庭成员评估家庭未来的现金流量。只有家庭能产生必要的现金流时，家庭成员才能够按期偿还债务或进行投资，而家庭会计或决策者所作决策是否合理与现金流量息息相关。

第二，编制家庭现金流量表有助于家庭成员了解家庭获得现金的能力，因此能够对家庭的未来发展能力有个初步的了解。

第三，编制家庭现金流量表可以弥补家庭资产负债表信息量的不足。家庭资产负债表是利用了家庭资产、家庭负债、家庭净资产三个家庭会计要素的期末余额编制的，而家庭资产、家庭负债的发生额没有得到充分的利用。

第三节　家庭管理会计报告

一、各类资产构成分析

家庭资产负债表的数量关系我们可以概括为以下三个方面：

（1）流动资产－消费性负债＝流动性净值

（2）投资性资产－投资性负债＝投资性净值

（3）自用性资产－自用性负债＝自用性净值

按照公式进行划分，可以将家庭资产合理划分为两个层次，其中投资性资产属于第一层次的资产级。投资性资产下面又可以分为货币、股票、债券及保险。这些资产的金融属性明显，风险与收益较其他资产来说，都比较高。

1. 家庭的资产结构分析

家庭的资产结构可以有效地衡量家庭资产的状况。家庭成员可以根据家庭的资产结构分析得出家庭的抗风险能力及家庭资产的增值能力。一般来说，流动资产充足的家庭，资产本身的风险较低，而由于保持了较高的流动性，家庭资产的收益性也相对较低；投资性资产占比较大的家庭，承受了相对较高的资金风险，家庭成员应该谨慎对待此类资产结构，确保家庭本身的日常开销不会受到影响，在风险与收益之间寻求平衡。

2. 影响家庭资产结构的内部因素分析

（1）家庭成员的学历水平。一般来说，家庭成员的学历水平与投资性资产的比例呈正相关。家庭成员的学历水平越高，理财理念就越高，理财资产的比重及理财行为的频率就越大。与此同时，家庭成员的学历水平越高，家庭的风险承受能力也会越高。

（2）家庭资产中的投资组合。家庭资产中所涉及的各类金融资产也会影响家庭资产结构。

（3）家庭成员的数量。家庭成员越多，维持日常生活所需要的费用及消费品就会越多，例如刚需的住房及交通工具，随之所需要的自用性资产也就越多，自用性资产所占比例也就越高。

（4）家庭成员年龄及其事业发展。家庭成员的年龄与职业发展的时期也会影响家庭的资产结构。例如，新建家庭的家庭成员年龄都相对较小，家中储蓄较少，家庭资产中自用性资产及消费性资产就会较多。随着年龄的增长及其事业的发展，收入越来越高，家庭每个时期的结余就会逐渐增大，相应的投资性资产的比重也会慢慢加大。

3. 影响家庭资产结构的外部因素分析

（1）政策因素。政策因素对于家庭资产结构是一个非常重要的因素，例如国家发布的金融普惠等政策可能会使家庭中投资性负债增多，而对于房地产的调控政策会影响家庭资产中的自用性资产比例。

（2）市场预期。市场预期主要是影响家庭资产中的投资性资产比例。如进行股票投资时，当处于"牛市"时，家庭资产中的股票所占比重就会上升，反之则会下降。

二、中国家庭负债的结构特征

根据调查，中国家庭的债务结构中，住房及汽车贷款所占比例超过了一半，达到了75%，其他类型的负债所占比例合计约25%。家庭中的消费贷款结构见表3-5。

表3-5　　　　　　　　**家庭消费贷款结构表样**

年度	家庭消费性贷款		家庭中长期消费性贷款		家庭短期消费性贷款	
	规模（元）	占比（%）	规模（元）	占比（%）	规模（元）	占比（%）
××年						

家庭的负担大都源自住房债务，平均说来，住房信贷总额远远超出家庭年收入。例如，30岁到40岁之间的户主，其家庭信贷总额平均比家庭年收入高出七倍；收入水平处在最少25%的那些家庭信贷额比年收入高出二十八倍。总体来看，住房负债的压力对于

大部分家庭来说还是比较重的。家庭信贷结构见表3
-6。

表 3 – 6　　　　　　　　家庭信贷结构表样

年度	家庭贷款	家庭经营性贷款		家庭消费性贷款	
	规模（万元）	规模（万元）	占比（%）	规模（万元）	占比（%）
××年					

　　家庭的负债规模及负债结构是家庭成员选择跨期消费的重要影响因素。对于投资性资产占比较低的家庭来说，家庭债务的选择是家庭平衡各期消费的主要策略。合理的家庭资产负债结构可以有效地提升家庭的生活水平，也可以将各期收入均衡化。过高的家庭资产负债率不利于家庭生活质量的提高，会使家庭背上沉重的财务负担，家庭流动性降低，家庭成员的心理压力增大，消费的欲望越来越低，最终会影响家庭的生活质量。而家庭财务压力的增大会影响家庭的和谐，甚至会导致整个家庭的破裂。

三、家庭理财目标和计划

　　家庭理财的计划应该是随着家庭理财目标的变化而随时调整的，家庭理财目标的制定应该随着家庭周期的不同而有所不同。确定家庭理财目标以及制订家庭理财计划应该考虑到家庭成员的变化、家庭资产的现状、未来的家庭整体策略规划等。具体来说，科学合理的家庭理财目标和计划应该包括家庭成员的发展规划、家庭的目标储蓄值、家庭的举债计划、家庭投保计划、家庭投资规划以及家庭的税务筹划。

1. 家庭成员的发展规划

家庭成员应对自己的年龄周期、专业技能、性格、兴趣爱好等有一个科学的认识，并根据自身情况制订每个人的职业发展规划，以便于家庭会计能够根据家庭的收支情况进行预算。

2. 家庭的目标储蓄值

家庭会计必须清楚地了解家庭每一年的收入、支出以及结余情况，并在此基础上设定一个合理的储蓄目标值。目标值可以是一个绝对值，也可以是一个相对比率。根据目标储蓄值来制订家庭的储蓄运用计划。

3. 家庭的举债计划

我们必须对债务加以管理，使其控制在一个能够承受的水平，并且债务成本要尽可能地降到最低。家庭会计应该对家庭的资产现状了如指掌，并通过分析家庭的流动性以及家庭资产负债率来判断家庭未来期间内是否会形成新的债务。如果家庭需要进行新的举债，家庭会计需要制定详细的举债额度、举债期限并对举债后的家庭财务风险进行评估。

4. 家庭投保计划

家庭会计应该根据家庭的周期以及家庭目前的现金流量判断家庭在此阶段是否需要进行投保。投保应该考虑家庭的财产保险、家庭成员的信用保险、家庭成员的人寿保险、家庭成员的意外伤害以及医疗保险等。通过制订家庭投保计划来提升家庭抵御风险的能力。

5. 家庭投资计划

家庭投资计划与家庭储蓄目标值的设定密切相关。如果家庭的收入或结余每年都能够满足家庭的目标储蓄值，家庭会计就可以考虑制订家庭的投资计划。投资计划应该包括投资的品种计划、收益及风险的研究。

6. 家庭税务筹划

每个家庭都应该进行税务筹划，通过合适的税务计划来达到缴税最少。

第四节　家庭财务比率分析

家庭会计进行家庭财务比率的分析主要有两个目标。一是家庭会计需要评估家庭目前的财务风险，并以此来制订家庭的风险防御计划。评估家庭财务是否成功，最主要的是看家庭的财务目标是否已经实现。家庭财务目标的评价主要是依靠家庭相关的财务比率，同时兼顾一些既定的目标，比如储蓄目标、购房购车。二是家庭会计需要根据家庭的财务比率来制定家庭接下来的整体战略。

家庭财务比率分析主要包括：家庭偿债能力分析，家庭应急能力分析、家庭保障能力分析、家庭储蓄水平分析等。

一、家庭偿债能力指标（见表 3 - 7）

表 3 - 7　　　　　　　　　家庭偿债能力指标分析

指标	定义	区间	说明
家庭杠杆率	家庭总负债/家庭总资产	60% 以下	若是长期待摊还的房贷则可以接受，若是短期贷款应该立即进行减值计划，以免周转不灵，陷入财务危机
家庭流动比率	家庭流动性资产/家庭流动负债	100% 以上	多数消费性负债是流动性负债，流动负债=消费性负债+短期投资性负债（股票融资等）
家庭融资比率	家庭投资性负债/家庭投资性资产	50% 以下	该指标衡量家庭投资中财务杠杆运用程度，投资标的风险越大，融资比率应该越低
家庭财务负担率	家庭年本息支出/家庭年可支配收入	40% 以下	超过 40% 很难从银行增贷，也会影响家庭成员的生活水平
家庭平均负债率	家庭年利息支出/家庭负债总额	基准利率×120% 以下	超过标准表示运用了银行以外的高利率借贷途径，负担重

其中，家庭杠杆率和家庭流动比率是家庭偿债能力评价中的基本指标。杠杆率衡量了一个家庭整体上的偿债能力以及对杠杆的使用，主要衡量对长期且大

额负债的偿还能力。主动利用杠杆协调家庭的财务状况有助于整个家庭更有效率地利用资产进行增值，保障生活水平。同时，过高的杠杆率会导致家庭的偿债风险过高，增加家庭由于债务清偿而导致财务危机的可能性。

家庭流动比率是对于流动资产和流动负债率的衡量，能够反映家庭对于日常消费性负债的偿还能力，例如信用卡消费等。流动负债需要流动资产的偿还，主要是现金偿还。保障一定数额的流动资金对于家庭的资产流动性以及资产安全来说非常重要，能够保证家庭对于日常消费型负债的偿还能力。

家庭融资比率是一个调整指标，反映了家庭在投资理财过程中对杠杆的利用程度，是对于家庭财务风险评价的补充。由于家庭投资的风险不同，对于家庭财务风险的影响也不同，因此控制家庭投资杠杆率、降低投资风险也是非常重要的。

1. 家庭总负债（TL）= 家庭消费性负债（CL）+ 家庭投资性负债（IL）+ 家庭自用性负债（UL）

2. 家庭总资产（TA）= 家庭流动性资产（CA）+ 家庭投资性资产（IA）+ 家庭自用性资产（UA）

$$\frac{TL}{TA} = \frac{CL}{CA} \times \frac{CA}{TA} \times \frac{IL}{IA} \times \frac{IA}{TA} \times \frac{UL}{UA} \times \frac{UA}{TA}$$

（家庭杠杆率 = 家庭借贷流动率 × 家庭流动性资产比率 × 家庭融资比率 × 家庭投资性资产比率 × 家庭

自用贷款乘数×家庭自用性资产比率）

二、家庭应急指标（见表 3 – 8）

表 3 – 8　　　　　　　家庭应急指标分析

指标	定义	合理区间	说明
家庭紧急预备金倍数	家庭流动性资产/家庭月总支出	3—6 倍	应对失业或紧急事故的备用金，如投保医疗险、产险，或有备用贷款信用额度，则紧急预备金降低

　　家庭应急指标是衡量家庭中出现某些突发性事件或者意外时家庭抵御财务风险的能力，确保家庭在抵御风险的过程中有足够的现金或者可变现资产。对于大多数家庭，难以迅速变现的固定资产是家庭资产的主要部分，然而保持足够的可以迅速变现的资产是降低财务风险的重要因素。

三、家庭保障能力指标（见表 3 – 9）

表 3 – 9　　　　　　　家庭保障能力指标分析

指标	定义	合理区间	说明
家庭保费负担率	家庭保费/家庭税后工作收入	5%—15% 与工作收入的绝对值有关	只有社保不足以应付寿险与产险的要求，一般以工作收入的 10% 为宜
家庭保险覆盖率	家庭已有保额/家庭税后工作收入	10 倍以上	该指标表示保额应是收入的 10 倍以上，在风险发生时才足以给家庭带来很好的保障

四、家庭储蓄能力指标（见表 3 – 10）

表 3 – 10　　　　　家庭储蓄能力指标分析

指标	定义	合理区间	说明
家庭工作储蓄率	（家庭税后工作收入 – 家庭消费支出）/家庭税后工作收入	20% 以上	税后工作收入含社保缴费收入；工作收入绝对值越高，储蓄率应该越高
家庭储蓄率	（家庭税后总收入 – 家庭总支出）/家庭税后总收入	25% 以上	税后总收入包含工作收入以及理财收入
家庭自由储蓄率	（家庭储蓄 – 家庭固定用途储蓄）/家庭税后总收入	10% 以上	自由储蓄率越高，资金越宽裕，可以用来满足短期目标或提前还债

　　家庭储蓄能力指标可以反映家庭自有资金的储蓄部分份额。由于储蓄是一种较为流动的资产，因此储蓄能力也能从一定程度上反映家庭的资产流动能力。其中，储蓄率是基本指标，能够衡量家庭总收入中储蓄的占比。工作储蓄率和自由储蓄率是调整指标：工作储蓄率是储蓄额与工作收入之比，更加准确地衡量家庭的储蓄能力；自由储蓄率能够从一定程度上反映家庭的资金宽裕程度。

五、家庭财富增值能力指标（见表 3 – 11）

表 3 – 11　　　　　家庭财富增值能力指标分析

指标	定义	合理区间	说明
家庭生息资产比率（生息资产 = 流动性资产 + 投资性资产）	家庭生息资产/总资产	50% 以上	衡量家庭有多少资产可以用于满足流动性、成长性与保值性的需求。年轻人应该尽早利用生息资产来积累第一桶金
平均投资报酬率	家庭理财收入/生息资产	比通货膨胀率高 2% 以上	因资产配置比率与市场表现的差异，每年的投资报酬率会有较大的波动，可以选择合适的指标来比较当年的投资绩效

六、家庭成长性指标

资产增长率 = 资产增加额/期初总资产

　　　　　 =（工作储蓄 + 理财储蓄）/期初总资产

　　　　　 = 工作储蓄/期初总资产 + 理财储蓄/期初总资产

　　　　　 =（年工作储蓄/工作收入）×（工作收入/期初总资产）+（生息资产额/总资产）× 投资报酬率

　　　　　 = 工作储蓄率 × 资产周转率 + 生息资产比重 × 投资报酬率

根据以上的公式分解，指出了一条理想中快速致富的道路：多多储蓄，提高收入，增加家庭投资比例，增加投资收益。每个家庭可依据自身的情况和条件制订相应的计划和增长策略。

七、家庭财务自由度指标（见表 3 – 12）

表 3 – 12　　　　　　家庭财务自由度指标分析

指标	定义	合理区间	说明
家庭财务自由度	家庭年理财收入/家庭年总支出	达到 100% 才能退休，合理的比率与夫妇年龄有关	夫妇平均年龄： 30 岁以下：5%—15% 30—40 岁：15%—30% 40—50 岁：30%—50% 50—60 岁：50%—100%

财务自由度 = 生息资产 × 投资报酬率 = 理财收入/当前年支出

在其他条件不变的情况下：生息资产越多，财务自由度越大；资产报酬率越高，财务自由度越大；当前年支出越低，财务自由度越大。

当家庭财务自由度 = 1 时，意味着只靠理财收入就可维持基本生活。

八、家庭财务比率分析注意事项

家庭财务比率分析的数据都是由财务报表而来。若财务报表本身数据有误，算出来的财务比率也会有误，此时可通过分析不合理的财务比率，来检验家庭财务报表数据的正确性。

分析不合理的家庭财务比率时，不应仅着眼于比率自身，而是应对分子项和分母项进行综合分析，找出该比率不合理的根源和对应的调整措施。

第五节　中国家庭资产健康指数评价体系

根据生命周期理论、投资组合理论、流动性理论，本节组建了中国家庭资产健康指数评价体系。该体系由家庭客观风险承受能力与主观风险偏好程度识别体系和家庭资产流动性评价体系构成，综合考虑了家庭所处的不同年龄段，家庭某个时点上的收入情况、家庭负担、置产状况、投资经验、金融知识、家庭综合流动性等各方面的因素。

具体来讲，首先，根据家庭的客观风险承受能力和主观风险偏好程度识别体系确定每个家庭的资产风险程度；其次，根据家庭的经典流动性指标和其他流动性指标，来确定每个家庭资产流动性；最后，评价家庭财富的增值能力，根据家庭的抗风险能力、流动性情况以及家庭资产的增值能力，计算每个家庭的资产健康得分。

一、家庭客观风险承受能力衡量

根据年龄、收入状况、家庭负担、置产状况、投资经验和金融知识 6 个维度衡量家庭的客观风险承受能力。根据家庭在 6 个维度上的得分，乘以每项权重得到每个家庭的总得分。

根据得分，可得到家庭实际的风险承受能力并分类：风险承受能力很强（80—100 分）、风险承受能力较强（60—80 分）、风险承受能力一般（40—60 分）、风险承受能力较弱（20—40 分）、风险承受能力很弱（0—20 分）。根据最后得分得到家庭客观风险承受能力 FR（Family Risk）（见表 3 – 13）。

表 3 – 13　　　　　　家庭风险承受能力 （FR）

维度 （权重）	100 分	80 分	60 分	40 分	20 分
年龄 （25%）	总分 100 分，25 岁以下者 100 分，每多一岁少 2 分，75 岁以上者 0 分				
收入状况 （12.5%）	高收入 （80%—100%）	较高收入 （60%—80%）	中等收入 （40%—60%）	较低收入 （20%—40%）	低收入 （0%—20%）
家庭负担 （12.5%）	家庭劳动占比 80%—100%	家庭劳动占比 60%—80%	家庭劳动占比 40%—60%	家庭劳动占比 20%—40%	家庭劳动占比 0%—20%
置产状况 （12.5%）	有自住的住宅 且有不动产投资	有自住的住宅 且没有房贷	有自住的住宅 且房贷 <50%	有自住的住宅 且房贷 >50%	没有自住的 住宅
投资经验 （12.5%）	投资股票 10 年 以上	投资股票 6—10 年	投资股票 2—5 年	投资股票 1 年以内	无投资股票 经验
金融知识 （25%）	正确率 100%	正确率 80%	正确率 60%	正确率 40%	正确率 20% 及以下

二、家庭主观风险偏好程度衡量

主观风险偏好程度由家庭对投资项目收益—风险的选择偏好构成。根据问卷所设计的题目，对家庭的主观风险态度进行识别和分类（见表 3 – 14）。问卷中设计题目："如果您有一笔资金，您愿意选择哪种投资项目"，若家庭选择了"高风险、高回报的项目"，则该家庭为高风险偏好程度家庭；若家庭选择了"略高风险、略高回报的项目"，则该家庭为较高风险偏好程度家庭；若家庭选择了"平均风险、平均回报的项目"，则该家庭为中等风险偏好程度家庭；若家庭选择了"略低风险、略低回报的项目"，则该家庭为较低风险偏好程度家庭；若家庭选择了"不愿意承担任何风险"，则该家庭为低风险偏好程度家庭。

表 3 – 14　　　　　　　家庭主观风险偏好衡量

如果您有一笔资金，您愿意选择哪种投资项目				
选项	"高风险、高回报的项目"	"略高风险、略高回报的项目"	"平均风险、平均回报的项目"	"略低风险、略低回报的项目"	"不愿意承担任何风险"
家庭类别	高风险偏好程度	较高风险偏好程度	中等风险偏好程度	较低风险偏好程度	低风险偏好程度

三、家庭资产流动性评价体系

家庭流动性指可以适时应付紧急支出或投资机会的

能力。通常，流动性资产越多，代表这种能力越强。你
需要什么样的流动性，通常又受你的收支情形、工作稳
定性及投资策略所左右。一般来讲，流动性资产的总值
应该保持在相当于 3—6 个月工作所得。如果你的工作情
况不是很稳定，或你正想做较大的投资，这项资产的金
额就应该高些。如果工作稳定，你也预期短期内不会有大
笔的现金支出，金额就可以低些。通过表 3 - 15，我们将测
得家庭资产的流动性指数 FL（Family Liquid）。

表 3 - 15　　　　家庭流动性指数（FL）

维度（权重）	100 分	80 分	60 分	40 分	20 分
家庭杠杆率（50%）	0	0—30%	30%—60%	60%—80%	80% 以上
家庭流动比率（25%）	2.0	1.0—2.0	0.8—1.0	0.5—0.8	小于 0.5
家庭融资比率（12.5%）	10% 以下	10%—30%	30%—50%	50%—80%	80% 以上
家庭财务负担率（12.5%）	10% 以下	10%—40%	40%—60%	60%—80%	80% 以上

四、家庭资产增值能力评价体系

根据表 3 - 16 中的标准，可以得到家庭资产增值
能力评价指数 FW（Family Wealth）。

家庭资产健康评价指数 F = FR × 20% + FL × 40 +
FW × 40%。当 F ≥ 80 时，我们认为家庭资产状况十分
健康，当 60 ≤ F < 80 时，我们认为家庭资产状况良好；

当 $40 \leqslant F < 60$ 时，我们认为家庭资产状况需要预警；当 $F < 40$ 时，家庭资产就已经处于比较差的状态，我们建议家庭做一些理财方面或家庭资产管理方面的咨询。

表3—16　　　　家庭资产增值能力评价指数（FW）

维度（权重）	100分	80分	60分	40分	20分
家庭生息资产比率	80%以上	60%—80%	50%—60%	30%—50%	30%以下
平均投资报酬率	2.0	1.0—2.0	0.8—1.0	0.5—0.8	小于0.5

第四章

家庭管理会计工具

家庭管理会计的重要作用体现为它具有很强的实践性，能够解决实际家庭财富管理的迫切需要，而体现这种实践性最直接的就是了解和掌握家庭管理会计工具。家庭管理会计的理念只有通过管理会计工具的使用才能实现。家庭管理会计工具也是将传统的家庭管理账本记录提升为家庭财富管理的直接桥梁，将家庭账本向家庭财富保值增值拓展。

家庭管理会计的目标是通过运用管理会计工具方法，参与家庭财富管理的规划、决策、控制、评价活动，并为之提供有用的信息，推动家庭财富管理目标的实现。家庭财富管理的领域不同，适用的家庭管理会计工具方法也不同。

人们在生活中很少用预算、成本、量本利分析这样的工具来管理家庭财富。为什么会产生这种状况？

究其深层次的原因可能是家庭财富结构方面的问题。很大比例的家庭，忙着归还房贷、车贷，没有余钱需要进行规划，但同时财富管理的多样性也是一个不可忽视的因素。毫无疑问，使用管理会计工具将会大大提高财富管理的效率和效果。

本章主要着眼于家庭预算、成本、营运等最常见的家庭财富管理环节，提出科学有效的管理会计工具。同时，围绕家庭规划决策、财富自由、家庭分合等最常见的家庭财富管理评估事项，提出科学有效的评估方法，将管理会计的理念引入家庭财富管理的全过程，并建立相应的家庭财富管理工具，培养公众使用家庭管理会计工具的意识。

管理会计工具方法是实现管理会计目标的具体手段。企业管理会计工具方法具有开放性，家庭管理会计工具也一样，是随着实践的发展而不断丰富。本章主要是立足于当前家庭财富管理实际和管理会计理论，在最常见的家庭财富管理领域（应用场景），系统介绍创立最具代表性、最具实用性、最具推广价值的家庭管理会计工具并进行应用分析。

第一节　家庭预算管理

"凡事预则立，不预则废"。无论是在各级政府的财政管理还是在企业等市场主体的财务管理中，预算都占据着绝对核心的地位。在家庭财富管理中，预算的重要性也是如此。可以说，家庭预算管理是科学的家庭财富管理的第一步，也是家庭管理会计的核心环节。因此，本节从家庭预算管理入手，引入家庭管理会计的第一个工具。

一、家庭预算管理概述

1. 家庭预算管理的概念

预算，是对资源进行整合和配置的重要手段。家庭预算管理直接服务的目标是家庭经济资源（包括财务资源与非财务资源）的高效配置，以确保家庭财富管理目标的实现。家庭预算周期一般为一年。

家庭预算管理，就是以家庭为单位，按照家庭财富管理的目标，对未来一定时期内家庭的经济活动和相应的财务结果进行全面的预测和筹划，对家庭这一组织内所有经济资源进行全面整合和高效配置，并对产生的结果进行跟踪评价、反馈修正的管理活动。

按照预算管理活动的不同，家庭预算可以分为经营预算、专门决策预算和财务预算。家庭经营预算，主要是管理家庭运转需要的日常经济活动，主要包括采购预算、费用预算等。家庭专门决策预算，主要是家庭重大事项的预算，其发生的频率远远小于日常经济活动，但对家庭财富产生重大和深远的影响，主要包括家庭的投资预算、融资预算等。家庭财务预算，是与家庭资金收支、财务状况及经营成果相关的预算，包括资金预算、预计资产负债表、预计利润表等。

2. 家庭预算管理的原则

家庭预算管理需要遵循以下原则：

一是目标导向原则。家庭预算管理会计的出发点和落脚点，应该是家庭财富管理的目标和实现该目标的行动计划。在目标和计划的导向下，集中资源进行高效配置，预算必须聚焦、专注、明确。

二是过程控制原则。坚持以收定支、有所结余的方略，进行过程控制。家庭财富管理不是一朝一夕能够完成的，真正的家庭财富管理具有长期战略性，其实现的过程较长。在这一过程中，家庭预算管理必须实现路径的控制，及时监控、分析相关指标，把控预算目标进度，及时评价反馈，修正与预算目标的偏离。

三是全面融合原则。如前所述，家庭预算管理贯穿于整个家庭财富管理的全过程。实施家庭预算管理不是单独的管理活动，必须与家庭财富管理的各项具体活动相融合，全面体现在家庭财富管理活动的各个领域和环节。

四是权变调整原则。预算管理具有长期性，但是制定预算是在一定时期内完成的。预算制定的内外部环境因素会随时发生变化，一些因素的变化会影响到预算的可执行性和科学性，甚至可能会影响预算目标。因此，在进行家庭预算管理中，既要坚持预算的刚性约束，又要兼顾重大例外事项的柔性处理。

管理学家戴维·奥利认为："全面预算管理是为数不多的几个能把组织的所有关键问题融合入一个体系之中的管理控制方法之一。"本节选择全面预算管理作为家庭预算管理的工具进行阐述，提出家庭全面预算管理的过程与操作方法。

二、家庭全面预算的编制

家庭全面预算管理中的全面主要体现为全方位、全过程、全员参与。所有的家庭经济活动、家庭财富管理全过程、全部的家庭组织成员都要纳入预算管理。预算的编制，就是全面预算管理的第一步。

家庭全面预算是经营预算、专门决策预算和财务预算三者相互整合构成的一个整体。家庭全面预算的编制对应的就要编制家庭经营预算和家庭专门决策预算。

1. 家庭经营预算的编制

家庭经营预算是与家庭财富管理的日常经济活动相关。家庭的经济活动与企业的生产经营活动在形式上有很大的不同，但是，从经营预算的本质看，两者具有一定的相似性。企业的经营预算可以为家庭经营预算提供一定的参考。

家庭经营预算编制要以家庭财富管理的行动计划为依据，围绕着支撑家庭财富管理的目标而开展。家庭经营预算可分为三类：家庭生活支出预算、家庭人力素质提升预算、家庭资本性支出预算。

（1）家庭生活支出预算。

家庭生活支出费用，主要是为维持家庭这一组织运转的日常经济活动而需要消耗的生活性产品或服务支出，其中最为重要的是家庭成员的生活支出（衣食住行费用）和休闲娱乐支出。

年度内预算编制期间可以选择季度或月度，考虑到预算编制的成本，本节以季度举例。预算编制要与生活性产品或服务的消耗特征相联系。从生活性产品或服务的消耗特征看，家庭生活支出可以分为以下几类。

一是家庭衣物支出预算（见表4-1），其具有明显的季节性变化，而且多为非一次性消耗。

表 4 – 1　　　　　家庭衣物支出费用预算表

项目	上年实际		本年预算		第一季度		……		第四季度	
	数量	金额	数量	金额	数量	金额	数量	金额	数量	金额
期初库存										
衣物类										
鞋帽类										
饰品类										

　　二是家庭食物与出行支出预算（见表 4 – 2），其具有明显的一次性消耗特征，但一般季节变化特征不明显。

表 4 – 2　　　　　家庭食物与出行支出费用预算表

项目	上年实际		本年预算		第一季度		……		第四季度	
	数量	金额	数量	金额	数量	金额	数量	金额	数量	金额
粮油类										
肉蛋类										
果蔬类										
茶饮类										
厨卫类										
外出餐饮										
家庭交通工具维修与保险										
家庭交通工具其他										
公共交通工具支付										

　　三是家庭住房支出预算（见表4-3）。这一类支出具有特殊性，一般需要再分为租赁性住房支出或自有住房还贷支出（非投资性）。这一类支出为非一次性消耗，也不具有明显的季节性变化特征。

表4-3　　　　　　　　家庭住房支出费用预算表

项目	上年实际		本年预算		第一季度		……		第四季度	
	数量	金额	数量	金额	数量	金额	数量	金额	数量	金额
租赁住房租金										
自有住房还贷										
家具类										
维修类										
物业费用										
取暖费用										
水电网费用										
其他费用										

　　四是家庭日常服务支出预算（见表4-4）。这一类支出为家庭必需的服务，如家政服务、洗浴理发等，这一类支出的特征是间断性支出。

　　五是家庭休闲娱乐支出预算（见表4-5）。这一类支出属于更高级次的服务支出，如旅游、曲艺、运动等。

表 4-4　　　　　　家庭日常服务支出费用预算表

项目	上年实际		本年预算		第一季度		……		第四季度	
	数量	金额	数量	金额	数量	金额	数量	金额	数量	金额
家政服务										
洗浴理发										
医疗保健										
其他费用										

表 4-5　　　　　　家庭休闲娱乐支出费用预算表

项目	上年实际		本年预算		第一季度		……		第四季度	
	数量	金额	数量	金额	数量	金额	数量	金额	数量	金额
旅游										
曲艺										
运动										
其他										

（2）家庭人力素质提升预算。

家庭人力素质提升支出，主要是针对家庭成员个人全面发展的投入，属于非日常性的支出。这部分支出活动主要包括学校教育、技能培训、社交礼仪（见表 4-6）。

（3）家庭资本性支出预算。

家庭资本性支出，主要是非一次性消耗类产品（高价值）支出，这一部分产品基本都是固定资产或无形资产，但也是家庭日常经济活动的一部分（见表 4-7）。最具代表性的就是房子和车。但这里的住房应为自住房，不具备投资属性。

表 4－6   家庭人力素质提升支出费用预算表

项目	上年实际		本年预算		第一季度		……		第四季度	
	数量	金额	数量	金额	数量	金额	数量	金额	数量	金额
学校教育										
技能培训										
社交礼仪										
其他										

由于资本性支出金额往往较大，需要考虑折旧或摊销才能更好地评估费用支出。在预算的频率上，月度或季度预算的意义较小，一般以年度为单位进行预算即可。当然，也可以将相关的费用分摊至月度或季度，以便核算。

表 4－7   家庭资本性支出费用预算表

项目	上年实际		本年预算		第一季度		……		第四季度	
	数量	金额	数量	金额	数量	金额	数量	金额	数量	金额
家庭交通工具折旧										
家庭住房折旧										
大件电器折旧										
大件家具折旧										
其他										

2. 家庭专门决策预算的编制

家庭专门决策预算主要是对家庭资本性支出活动进行预算管理，主要包括家庭固定资产的投资和家庭金融性资产的投资。

（1）家庭专门决策预算的特征。

家庭专门决策预算主要是家庭资本投资预算。相比较于家庭经营预算，家庭资本投资预算具有以下明显的特征。

第一，家庭资本预算是一个综合性工程，包含的要素和程序较多。一是家庭资本预算需要确定决策目标，并根据目标提出可选择的投资方案。二是家庭资本预算需要对不同投资方案的现金流流量和风险进行估算。三是根据择优评判标准，对不同投资方案进行选择，确定最终投资方案或组合。

第二，家庭资本预算的对象要具有投资属性，一般涉及的资金量较大。家庭资本投资是家庭财富保值增值十分重要的方式。其目的是家庭财富的高效配置和管理，而不是家庭经济生活的运转。

第三，家庭资本预算的周期长、风险大。家庭经营预算一般为年度预算，一些细化预算更是可以划分为季度预算乃至月度预算。但是，家庭资本预算往往是跨年度的，周期较长。长周期必然伴随着风险的上升，因此资本投资的风险较大。

（2）家庭资本投资方案的评价。

编制家庭资本投资预算的目的是在事前对家庭重大资本支出进行评估和甄选。因此，编制家庭资本投资预算最为关键的环节就是对投资项目方案进行评价。影响项目评价的要素包括现金流量、资金时间价值、风险报酬、资金成本等。

现金流量预测是编制家庭资本投资预算最为基础，也是最重要的环节。在一定程度上说，资本投资方案的差异主要表现为现金流的差异。现金流量预测就是要对资本投资方案在未来一定时期内预计发生的现金流入量和现金流出量进行预测。

资金的时间价值是资本投资预算需要考虑的一个重要因素。如果不考虑资金的时间价值，一般需要通过投资回收期限、平均报酬率等静态指标对项目方案进行评价，计算比较简便。但是，对于重大的家庭资本投资决策，考虑资金的时间价值是更为严谨和科学的方法。在资本投资项目中，如果考虑到资金的时间价值，那么净现值法、内含报酬率法是最常用的方法。

静态投资回收期，是指资本投资项目现金流入累计值达到项目投资额所需要的时间，也就是多长时间能收回投资。回收期限越短，说明项目的现金流创造的越多，项目的风险也就越小。

静态平均报酬率，是指投资项目周期内平均的年投资报酬率。通过预测的年平均利润与年平均投资额的比值来计算。

净现值法（NPV），是将资金的时间成本考虑在内的动态指标评价方法。通过在一定时期内项目的现金流入量减去现金流出量，计算出该时期的现金净流量，然后按照一个折现率（目标利润率或者资金成本）进行贴现，计算出在当前时点的现金净流量现值，也就是净现值。如果净现值为正数，说明投资方案可行。相同条件下，净现值越大的投资项目越好。但是，净现值折现率的确定具有较强的主观性，容易产生决策偏差。

内含报酬率（IRR）法，是考虑资金时间价值的另一个重要的动态评价指标。内含报酬率又称为内部报酬率，是投资项目周期内能够使项目的净现值（NPV）等于零，也就是恰好可行的贴现率。这一贴现率的实质就是项目的预期报酬率。内含报酬率必须要大于项目资金的资金成本，这样项目才是可行的。在其他条件相同的情况下，项目的内含报酬率越大越好。

（3）家庭固定资产投资预算编制。

家庭固定资产投资主要是具有投资属性的房产（包括所有权和使用权），具体来看包括住宅、商铺、土地承包经营权等。

编制家庭固定资产投资预算主要就是要对现金流量进行预测，然后选择合适的方法投资项目进行评价

（见表 4 – 8）。

表 4 – 8 　　　　　　　家庭固定资产投资预算表

项　　目	第 1 年	第 2 年	第 3 年	……	第 N 年
投资额					
现金流入量					
现金流出量					
评价指标					
静态回收期					
静态平均报酬率					
净现值（NPV）					
内含报酬率（IRR）					

（4）家庭金融性资产投资预算。

家庭金融性资产投资主要是对黄金、股票、债权、期货、金融衍生工具、加密货币（比特币等）等金融资产的投资。古玩字画等具有金融属性的投资品也在此类预算一并管理。

对家庭金融性资产投资的预算管理依然是以现金流量预测为核心，但在具体的项目上与固定资产投资预算有所区别（见表 4 – 9）。

三、家庭预算的执行、监测与控制

家庭预算管理从预算的编制起步，但预算的执行和控制是保证预算管理不流于形式的重要程序。

表 4 - 9　　　　　　　　**家庭金融性资产投资预算表**

项　　目	第 1 年	第 2 年	第 3 年	……	第 N 年
买入成本					
卖出收入					
派息分红					
评价指标					
静态平均报酬率					
净现值（NPV）					
内含报酬率（IRR）					

1. 家庭预算的执行

预算的执行是预算编制的落地抓手。家庭预算管理要建立严肃的责任机制，不是简单的概念上的预算管理，而是要真正体现在家庭经济活动的环节之中。

家庭预算管理的执行必须在理念上予以重视。由于家庭不是一个会计上的主体，因此，在传统的观念里，家庭预算管理往往简单地表现为家庭式账本的记录。家庭预算管理的程序缺少必要的程序，在预算管理的权威性和刚性上比较缺乏。这种理念在家庭预算执行中表现得更为突出，预算的约束力大大降低。

在管理会计视角下，家庭预算的执行不再是一个简单的行为，而是包含必要程序的过程，包括家庭预算执行的申请与审定。

（1）家庭预算执行的申请。

家庭预算执行的申请具有双重作用。一是通过预算执行的申请，明确家庭经济活动相关主体及其相互之间的关系，确定预算执行的责任机制。二是通过预算执行的申请，确立家庭预算管理的仪式感和程序性，将家庭预算管理提升到服务家庭经济活动和家庭财富管理的层面，使家庭相关主体有切身的体验感受。

对于家庭生活支出预算、专门决策预算（资本性支出预算），预算执行的申请要由具体项目的责任主体申请。对于家庭财务预算，应由家庭财务负责人提出申请。

（2）家庭预算执行的审定。

家庭预算编制完成后需要进行审定，预算审定后无充足理由不作调整。家庭预算的审定由家庭会议批准。

对于预算执行，在家庭相关主体提出预算执行申请后，根据事项重要程度，由家庭财务负责人、执行董事在职权范围内审定。对于关系家庭财富管理的重大事项如大额费用支出、大额资本性投资、家庭组织变化等必须由家庭会议进行审定。

2. 家庭预算的监测

由于家庭活动涉及主体和事务较多，预算的执行依托于每个家庭成员来进行，那么要实现家庭预算管理的目标就必须对预算的执行进行分析和监测。通过分析和监测，及时反馈和收集家庭预算执行的偏差，提高预算管理的实效。

家庭预算的监测应围绕主要的预算管理指标建立

一个量化可视的监测指标体系，按照季度（或月度）进行数据收集和分析。

3. 家庭预算的调整和控制

预算管理的原则是强化预算约束，但是并不意味着预算不能调整。预算的调整和控制需要根据实际客观情况的变化，经过一定程序来实现。

（1）家庭预算的调整。

家庭预算编制不可能预测到所有的因素，在实际中根据情况变化对预算进行调整是必要的。预算调整的目标必须是围绕着已经有益于家庭财富的保值增值进行。

家庭预算调整必须经过一定审批。对于重要程度较低、金额较小、未突破项目预算总额的预算调整事项，家庭执行董事可以进行审定。对于重大事项、资金规模较大、涉及预算总额变动的事项，必须经过家庭会议审定。

（2）家庭预算的控制。

家庭预算的控制就是以家庭预算为标准，按照分析、监测、反馈等确保家庭经济活动的开展始终围绕着预算的目标进行，以实现家庭财富保值增值的预设目标。

家庭预算控制要"抓大放小"，选取具有重要影响的预算控制点进行跟踪，并对跟踪结果进行分析，对照预算及时纠偏。

第二节 家庭成本管理

家庭成本管理是管理会计在家庭经济活动中的重要应用。家庭成本管理有其独有的特征，并决定了生命周期成本管理更加适宜作为家庭成本管理的工具方法。家庭人力生命周期成本管理与家庭资产生命周期成本管理是两个主要的应用领域。

一、家庭成本管理概述

家庭成本管理是家庭财富管理的重要部分。家庭成本的构成与特征决定了家庭成本管理与企业成本管理存在明显差别。但是，成熟的企业成本管理原则与方法可以为家庭成本管理提供一定借鉴。

1. 家庭成本管理的特征

家庭成本具有特殊性，主要表现在以下几个方面。

（1）家庭成本的范围更大。

不同于企业成本大多集中于业务活动的生产耗费，家庭成本的范围要宽泛得多。家庭成本是维持家庭基本运转和经济活动开展中的支出，包括基本生活费用、教育成本、医疗成本、养老成本等。

（2）家庭成本的耗费在人。

不同于企业成本主要是产品的耗费，家庭成本的主要耗费者是人，也就是家庭成员。家庭是人的集合，家庭的成本是为了保障家庭成员的生活水平提升和全面发展。

（3）家庭成本的核算周期更长。

企业成本的核算周期一般与企业产品或服务的生产周期相匹配，而家庭成本的核算周期并不以产品生产为基准，而是贯穿甚至跨越家庭成员的生命周期。此外，家庭这一组织的延续时间要远远长于企业组织。

2. 家庭成本管理的原则

家庭成本管理中需要遵循一定的原则，这些原则与企业成本管理原则既相关相通，又相互区别。

（1）融合性原则。

家庭成本管理还是要依托于家庭经济活动的开展，更多的时候是家庭财富管理活动的开展。进行家庭成本管理就要与家庭具体的活动、投资项目等相融合。

（2）一致性原则。

家庭成本管理不是为了简单的"控制成本"或者"省钱"，而是要在管理会计视角下，通过成本管理来服务于家庭财富保值增值的目标。家庭成本管理要与家庭财富管理的目标相一致，要服务于这一目标的实现。

（3）重要性原则。

家庭经济活动和财富管理活动繁杂，家庭的方方面面都涉及成本的核算。但是，家庭这一组织并不具备很高的经济专业性，家庭成员也不具备较强的知识专业性。因此，家庭成本管理要以重大事项成本为主，简化对日常琐碎成本的专门管理。

3. 家庭成本管理的内容

和家庭预算管理一样，家庭成本管理也不是一个单一的活动，而是包含着成本预测、成本决策、成本计划、成本控制、成本核算、成本分析等一系列活动的管理。

（1）事前成本管理。

成本预测、成本决策和成本计划，是成本管理的开端，属于事前成本管理阶段。成本预测，就是要立足于当前经济和社会发展状态（科学技术、业态等），结合对未来发展的预判和认知，对家庭经济活动成本进行描述和判断。成本决策，是以成本预测为基础，提出家庭经济活动和财富管理活动的方案，对不同方案的成本进行定性或定量的评估和测算，并确定最优方案的决策。成本计划，是按照最优成本方案，制订一定时期内家庭成本的详细计划，是前期成本管理的主要成果，是中后期成本管理的依据。

（2）事中成本管理。

成本控制，是成本管理的事中管理阶段，是对家庭经济活动中产生的成本进行监督和控制，根据家庭经济活动的实际情况对成本预算进行调整。成本控制必须遵循成本管理的目标，对家庭经济活动产生的成本进行主动地、有意识地、有目标地干预。

（3）事后成本管理。

成本核算和成本分析是成本管理的事后管理阶段，是在成本已经实际产生之后才能进行的管理活动。家庭成本核算需要按照家庭管理会计对于成本费用的归集要求，核定成本信息。家庭成本分析，是对以上核算信息进行分析，以便提高成本管理的效益，为成本控制提供客观有效的依据。

二、家庭人力生命周期成本管理

在企业管理会计中，成本管理有许多方法。如前所述，家庭组织和企业组织在成本管理上有着很大的区别。综合来看，根据家庭成本管理的特征，生命周期成本管理最为适合成为家庭成本管理的工具方法。

家庭生命周期成本管理主要运用在家庭人力生命周期成本管理和家庭资产成本管理两个领域。本部分对家庭人力生命周期成本法进行详细介绍，第三部分将对家庭资产生命周期成本法进行说明。

家庭人力生命周期成本法，用于计算和管理家庭成员从出生（含胎儿）到去世（或离开家庭组织）整个生命期间的全部成本。从管理会计的角度看，家庭成员的生命周期可以划分为积累、工作、养老三个阶段。三个阶段的成本构成差异较大。

1. 家庭人力积累成本

家庭人力积累阶段所包含的期间大约为 25 年。该阶段起于婴儿出生，止于家庭成员工作或取得独立的经济来源。

家庭人力积累成本主要包括生存成本、教育成本、医疗成本、休闲娱乐成本，其中教育成本是最主要的成本构成。

（1）家庭人力生存成本。

生存成本贯穿于家庭成员的全生命周期，而且在各个阶段有一定差异，但是从本质上看没有显著的区别，主要包括衣食住行等方面（见表 4 – 10）。

表 4 – 10　　　　　　　　　家庭人力生存成本

项目	1 岁	2 岁	3 岁	4 岁	……	25 岁 （根据实际确定）
衣物成本						
食物成本						
出行成本						
住房成本						
医疗成本						
休闲娱乐成本						

具体项目，可以依照第一节家庭生活支出预算细化。

（2）家庭人力教育成本。

教育成本是该阶段家庭成员的主要成本支出，也

是对未来家庭成员价值创造影响最大的成本支出。人
力教育成本在这一阶段主要是学校教育和校外培训成
本（见表 4 - 11）。

表 4 - 11　　　　　　　　家庭人力教育成本

项目	学校教育			校外教育	
	义务教育（小学、初中）	高中	高等教育（含高等职业教育）	学前教育	继续教育
	分年度（或年龄）			分年度（或年龄）	
基本成本（包括学费、培训费等）					
配套费用					

2. 家庭人力工作成本

家庭人力工作成本，是家庭成员在获得独立经济
来源后（以参加工作为代表），为了保障工作正常进
行所支出的成本。这个阶段的成本主要包括生存成本、
继续教育成本、社交成本、医疗成本、休闲娱乐成本
等（见表 4 - 12）。

3. 家庭人力养老成本

家庭人力养老成本是家庭成员离开工作岗位（不
再专门为创造经济来源而生活），进入养老阶段而支
出的成本。这里的养老是一个笼统的概念。该阶段的

表 4 – 12　　　　　　　　　家庭人力工作成本

项目	26 岁（根据实际确定）	27 岁	28 岁	29 岁	……	60 岁（根据实际确定）
生存成本						
继续教育成本						
社交礼仪成本						
医疗成本						
休闲娱乐成本						
其他成本						

人力成本与工作阶段的类型基本相同，但在构成的比例上显著不同（见表 4 – 13）。医疗保健成本、休闲娱乐成本占比将大幅度提升。

表 4 – 13　　　　　　　　　家庭人力养老成本

项目	61 岁（根据实际确定）	62 岁	63 岁	64 岁	……	……
生存成本						
医疗成本						
休闲娱乐成本						
继续教育成本						
社交礼仪成本						
其他成本						

需要注意的是，家庭成员共同消耗的成本需要进行分摊。

三、家庭资产生命周期成本管理

家庭资产生命周期成本法，是以家庭资产投资为对象，从资产全生命周期去管理其成本。由于投资性资产一般周期较长，时间价值必须纳入成本管理的考虑因素。

在家庭资产生命周期成本法下，需要分年度考虑家庭资产的成本，然后按照贴现率进行贴现，确定该项资产在现在时点下的成本。

家庭资产生命周期成本管理的目的是为当前投资提供依据，是为家庭资本性投资决策服务的。

按照第一节的分类，家庭资本性投资分为固定资产投资和金融性资产投资两大类。

1. 家庭固定资产生命周期成本

家庭固定资产生命周期中包含的成本主要有购入成本、融资成本、维护成本、处置成本、税收成本等（见表4－14）。

表4－14　　　　家庭固定资产生命周期成本

项目	第1年	第2年	第3年	第4年	……	第N年
购入成本						
融资成本						
维护成本						
处置成本						
税收成本						
其他成本						

2. 家庭金融性资产生命周期成本

家庭金融性资产生命周期成本主要是金融性交易资产从购入到持有再到卖出的全程所支出的成本。

金融性资产的成本主要包括买入成本、融资成本、处置成本、税收成本等（见表 4 – 15）。

表 4 – 15　　　　　家庭金融性资产生命周期成本

项目	第 1 年	第 2 年	第 3 年	第 4 年	……	第 N 年
买入成本						
融资成本						
处置成本						
税收成本						
其他成本						

第三节　家庭规划决策

服务家庭规划决策是家庭管理会计的重要职能之一。家庭管理决策可以借鉴管理学的一些工具方法。本章所论述的家庭决策是涉及家庭财富管理和战略方向的重大决策（未来），需要一定的决策理论和方法减少决策风险。

一、家庭规划决策概述

从经济组织的视角看，家庭面临着诸多的经济决策，小到柴米油盐的购买，大到房产投资等。管理学和管理会计中的决策工具也可为家庭经济决策所用。

1. 家庭决策的前提

第一，决策以多方案并存为前提。顾名思义，家庭决策是建立在多个方案基础上的。杨洪兰（1996）认为，决策就是"从两个以上的备选方案中选择一个的过程"。[①] 如果一个事项只有一个方案，那么就不存在决策的需要。

第二，决策需要信息支持。管理会计的重要作用之一就是为决策者提供有用的信息。这些信息就是家庭决策的基础。信息的数量和质量直接影响家庭决策的水平。

2. 家庭决策的原则

决策需要在一定的原则指导下开展。

一是重要性原则。决策固然可以提高家庭经济活动的效益，但是决策也是有成本的。决策需要制定多种可比方案，需要收集和处理家庭经济活动产生的数据、信息，决策所耗费的成本较大。家庭决策应该着眼于重大事项的决策。

---

① 　杨洪兰. 现代实用管理学 ［M］. 上海：复旦大学出版社，1996.

二是满意原则。家庭决策不是一味追求最优结果，而是以满意为原则。这是因为，决策的前提往往难以得到全面的满足。如方案数量是有限的，在备选的方案中不一定存在最优方案，只有较优方案。再如，决策需要的信息是需要耗费成本收集的，但收集的数据信息往往是有限的、不全面的。因此，家庭决策应遵循满意原则或者较优原则。

二、家庭规划决策内容

家庭规划决策在家庭财富管理中可以从宏观和微观两个角度审视。宏观的家庭规划决策是以家庭资产布局规划为中心，微观的家庭规划决策是以具体家庭资产交易规划为中心。

1. 家庭宏观规划决策（家庭资产布局）

做好宏观家庭资产布局需要进行一些必要的准备工作，遵循一定的步骤和环节，如图 4-1 所示。

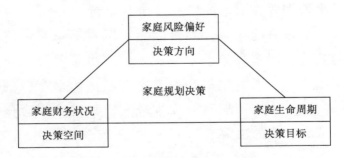

图 4-1　家庭规划决策示意图

（1）评估家庭风险偏好。

家庭风险偏好决定了家庭规划决策的方向。

家庭是由不同的主体构成，而每一个主体对风险的承受和喜好是不同的。这体现了家庭管理会计的原则之一，即主观原则。家庭主体的风险偏好决定了家庭组织的风险偏好，对家庭规划决策有着重要的影响。通过家庭风险测评表，判定家庭风险偏好和风险承受能力是进行家庭规划决策的第一步。根据不同的家庭风险偏好规划与其相适应的家庭资产布局，包括资产种类、资产配比等。

对家庭风险偏好的测定详见第三章。

（2）评估家庭财务状况。

家庭财务状况决定了家庭规划决策的空间。

一般来说，家庭财务状况越好，家庭规划决策的空间也就越大。通过家庭资产负债表、现金流量表、收支损益表对家庭财务现状进行评估。通过家庭财务状况评估量化可以配置的家庭经济资源（资产）的规模、结构、期限等。

（3）评估家庭生命周期。

家庭生命周期决定了家庭规划决策的目标。

家庭生命周期不同，家庭财富管理的目标也就不同。同时，家庭生命周期是不断发展变化的，需要根据家庭所处生命周期阶段，动态调整家庭资产布局。

（4）形成家庭资产布局规划决策表。

　　通过对家庭风险偏好、家庭财务状况、家庭生命周期的评价结果进行量化，并赋予权重，进而形成家庭规划决策的客观依据。在对三项指标综合加权后，形成对家庭资产布局的决策评测表。

　　2. 家庭微观规划决策（家庭资产交易）

　　如果说家庭宏观规划决策是家庭财富保值增值的设计图，那么家庭微观规划决策就是家庭财富保值增值的施工图。家庭资产布局需要通过家庭资产交易来实现。因此，家庭资产交易是家庭微观规划决策的核心。

　　家庭资产交易，就是围绕着家庭宏观规划决策确定的在一定时期内家庭资产布局，通过资产交易，增加或减少对某类资产的持有。家庭资产交易要实现的是家庭如何以最低的价格买入某类资产，或者以最高的价格卖出某类资产。当然，资产价格的变动受到多种因素的影响，具有较高的价格敏感度，这里所说的最低价格和最高价格并不是绝对数上的要求，更多的是最优价格的含义。

三、家庭规划决策表

　　家庭规划决策表是家庭规划决策直接可使用的工具。通过表格数据的量化，将家庭规划决策的过程和结果直观地反映出来。

　　1. 家庭规划决策评价体系

通过设计两级 8 个评价因子，并赋予不同的权重，确定不同评价结果的得分，形成家庭规划决策评价体系（见表 4 – 16）。

表 4 – 16　　　　　家庭规划决策评价体系

一级评价因子	一级因子权重	二级评价因子	二级因子权重	评价结果	对应分数	备注
家庭风险偏好	40%	客观承受能力	60%	(80，100]	(4，5]	很强
				(60，80]	(3，4]	较强
				(40，60]	(2，3]	一般
				(20，40]	(1，2]	较弱
				[0，20]	[0，1]	很弱
		主观风险偏好	40%	100	5	高风险偏好
				80	4	较高风险偏好
				60	3	中等风险偏好
				40	2	较低风险偏好
				20	1	低风险偏好
家庭财务状况	50%	资产负债率	30%	(80，100]	[0，1]	
				(60，80]	(1，2]	
				(40，60]	(2，3]	警戒线
				(20，40]	(3，4]	
				[0，20]	(4，5]	
		流动比率	25%	>200%	(4，5]	
				(150%，200%]	(3，4]	
				(100%，200%]	(2，3]	警戒线
				(50%，100%]	(1，2]	
				≤50%	[0，1]	

续表

一级评价因子	一级因子权重	二级评价因子	二级因子权重	评价结果	对应分数	备注
家庭财务状况	50%	财务负担率	25%	>60%	[0, 1]	
				(40%, 60%]	(1, 2]	
				(30%, 40%]	(2, 3]	警戒线
				(20%, 30%]	(3, 4]	
				≤20%	(4, 5]	
		家庭保险覆盖率	10%	>20	(4, 5]	
				(15, 20]	(3, 4]	
				(10, 15]	(2, 3]	警戒线
				(5, 10]	(1, 2]	
				≤5	[0, 1]	
		家庭储蓄率	10%	大于75%	(4, 5]	
				(50%, 75%]	(3, 4]	
				(25%, 50%]	(2, 3]	警戒线
				(10%, 25%]	(1, 2]	
				<10%	[0, 1]	
家庭生命周期	10%	家庭成员年龄	100%	≤16	−2	少年期
				(16, 25]	2	青年期
				(25, 45]	5	中青年期
				(45, 60]	3	中年期
				(60, 70]	1	中老年期
				>70	−3	老年期

2. 家庭规划决策评估（见表 4 – 17）

表 4 – 17　　　　　　家庭规划决策评估表

一级评价因子	一级因子权重	二级评价因子	二级因子权重	评价结果	评价得分	评价加权得分
家庭风险偏好	40%	客观承受能力	60%			
		主观风险偏好	40%			
家庭财务状况	50%	资产负债率	30%			
		流动比率	25%			
		财务负担率	25%			
		家庭保险覆盖率	10%			
		家庭储蓄率	10%			
家庭生命周期	10%	家庭成员年龄	100%			
综合加权得分						

3. 家庭规划决策表

家庭规划决策表是依托于家庭规划决策评估结果，综合考虑各类家庭资产的安全性、收益性、流动性特征，对现有家庭资产布局进行优化的实现手段（见表 4 – 18）。

表 4 – 18　　　　　　家庭规划决策表

		家庭流动资产比重（低风险低收益）	家庭投资资产比重（风险收益配比）					家庭自用资产比重（无风险无收益）
			衍生类资产	股权类资产	债权类资产	实物资产	避险资产	
家庭风险偏好	客观承受能力							
	主观风险偏好							

续表

		家庭流动资产比重（低风险低收益）	家庭投资资产比重（风险收益配比）					家庭自用资产比重（无风险无收益）
			衍生类资产	股权类资产	债权类资产	实物资产	避险资产	
家庭财务状况	资产负债率							
	流动比率							
	财务负担率							
	家庭保险覆盖率							
	家庭储蓄率							
家庭生命周期	家庭成员年龄							
综合评价结果								
家庭资产布局现状								
家庭资产布局调整		↑	↓	↑	↑	↓	↑	↓
风险提示								

　　根据各项评价指标的结果推算提出规划结果。这需要建立一个参考系，通过参数设置的方式设定标准家庭资产布局的结构，对照参考系和评价结果，按照差值计算，将目前家庭资产配置的现状与建议比例相对照，提出家庭资产布局调整建议（上升↑或下降↓）。在提供家庭资产规划决策时，给出必要风险提示。

第四节　家庭财富自由度

　　家庭管理会计服务于家庭财富的保值增值，而家庭财富保值增值过程中需要一个综合而简洁的指标进行跟踪衡量。家庭财富自由度是一个合适的指标。财富自由度是相对的、动态的指标，是综合宏观环境、区域特征、家庭财务、价值观念等因素后的评价结果。

一、家庭财富自由度概述

1. 家庭财富自由度含义

　　"财富自由"是当下的一个热词，也是许多个人追求的一个梦想。但是，什么是财富自由，怎样算是财富自由并没有一个很好的客观测量标准。从家庭管理会计的角度看，家庭财富自由也是家庭财富管理一直追求的目标。那么，正确认识和衡量家庭财富自由就十分必要且十分紧迫。

　　家庭财富自由度是用以跟踪衡量家庭财富的综合性指标。使用家庭财富自由度指标的目的在于，对目前家庭财富的实现情况进行客观的衡量和评价，客观上认清家庭财富处于的状态，为家庭财富管理活动提供宏观上、战略上的指导。

2. 家庭财富自由度特征

家庭财富自由度具有以下几个特征，这些特征使它区别于一般的会计财务指标。

（1）综合性。家庭财富自由度不是一个单一指标，不是从家庭资产负债表中直接简单计算得出的，而是综合考虑宏观环境、区域特征、家庭财务等多种因素的结果。这也是家庭财富自由度最根本的一个特征。

（2）指数化。家庭财富自由度是一个指数化指标，是对以上多种因素的综合评价结果进行加权处理后的结果。

（3）动态化。由于家庭财富自由度的衡量涉及宏观、中观、微观等不同的层面，即使家庭自身财务因素没有明显的变化，但由于外部环境因素的变动也会引起指标的变动。因此，家庭财富自由度是一个动态化的指标。

（4）战略性。家庭财富自由度对于家庭财务管理的意义不在于具体的资产配置或者成本控制，而在于宏观上给予家庭财富以客观的定位，促使主体对家庭财富在战略上有清晰的认识，并且在战略上对家庭财富管理进行思考。

二、家庭财富自由度的影响因素

家庭财富自由度受到宏观、中观、微观等多种因素的影响，包括宏观环境、区域特征、家庭财务、价值观念等因素。其中，宏观环境和区域也正属于外部因素，家庭财务和价值观念属于内部因素。从因素的量化特征看，宏观环境、区域特征、家庭财务属于客观因素，价值观念属于主观因素。

1. 宏观环境因素

宏观环境因素对于家庭财富自由度的影响主要体现为将家庭财富置于全国乃至全球的框架下进行比对。比如，在20世纪70年代末，"万元户"是十分富裕的家庭的代名词，其财富自由度应该是很高的。但是，随着宏观整体财富的增长、货币的贬值等宏观环境因素的变动，如今的"万元户"就是贫困家庭的代名词了，其财富自由度应该是很低的。这种变动就体现了宏观环境对家庭财富自由度的影响。

2. 区域特征因素

区域特征因素相对于宏观环境因素来说就是中观层面的因素。因为一个家庭总是要定位于一个区域，如果单从大的宏观层面看家庭财富是不准确的，必须将家庭摆在它所处的区域内来看。比如，月收入万元对于全国平均水平来说，是中高的收入群体；但是如果将其置于中西部地区，那就可能属于较高收入群体；而将其置于东部地区可能就属于中等收入群体，若将其置于北上广深这样的一线城市，那么月入万元可能只是足以覆盖生活成本，只能算得上中低收入的群体。

因此，家庭所处区域的特征对于家庭财富自由度的影响相比于宏观环境因素更大、更直接。

3. 家庭财务因素

家庭财务因素是家庭财富自由度最直接、最核心的影响因素，是内在因素的重要方面。家庭的财富自由度如何，归根结底还是要看家庭本身的财务状况。无论其他三个因素如何变动，总得回归到主体自身的财务状况，总得落足于家庭本身的财富情况。

4. 价值观念因素

"自由"本身就含有明确的主观价值判断。对于什么是"自由"，不同的主体有不同的认识，有不同的判断。那么对于"财富自由"也是如此。因此，家庭财富自由度的衡量不只是冷冰冰的数字比较，而是包含有家庭主体的价值观念的判断，是客观和主观相互融合的指标。比如，对于同样的一套房产，有的家庭认为住房面积远远不够大，还需要追求更大的面积，而有的家庭认为已经足以生活，应该更多地去享受和体验。这中间没有对错，只是家庭价值观念不同引起的不同判断，但对于评价家庭财富自由度是极其关键的。

三、家庭财富自由度测评

家庭财富自由度测评就是对影响家庭财富自由度判断的四类影响因素进行量化分析。

1. 家庭财富自由度测评思路

家庭财富自由度既是一个独立的概念，也是一个比较的概念。也就是说，对于家庭财富自由度的测评不仅要看影响因素指标的绝对值，而且要看指标的相对值。

首先，家庭财富自由度测评要收集家庭财务数据、宏观环境数据、区域特征数据，并对家庭价值观念进行量化评价。

其次，家庭财务数据中需要区分出绝对评价指标和相对评价指标。绝对评价指标不受家庭价值观念的影响，而是要尊重客观事实进行评价。绝对评价指标包括家庭资产负债率、流动比率、财务负担率、成本覆盖率、被动收入率等。相对评价指标需要将家庭价值观念纳入考评，将家庭财务指标和外部指标进行对比，但在评价结果上要尊重家庭对于财富的认知和追求态度。相对评价指标包括家庭净资产额、家庭收入额、家庭净资产增长率、家庭收入增长率、家庭人均住房面积、家庭人均汽车数量、年均旅游次数等。

最后，对相关指标进行技术比较（详见家庭财富自由度测评表），得出综合测评结果和分项测评结果。

2. 家庭财富自由度测评表

将影响家庭财富自由度评价的因素进行量化后，通过如下的家庭财富自由度测评表进行比较，计算评价结果（见表4-19）。

表 4 – 19   家庭财富自由度测评

	指标	实际数据	参照数据	实际/参照	主观因子	评价结果
绝对评价指标	资产负债率		60%		1	
	流动比率		100%		1	
	财务负担率		40%		1	
	成本覆盖率		200%		1	
	被动收入率		100%		1	
相对评价指标	总资产增长率		M2 增速		容忍度 *	
	净资产增长率		GDP 增速		容忍度 *	
	家庭人均收入		区域人均收入		容忍度 *	
	人均收入增长率		区域人均收入增长率		容忍度 *	
	人均住房面积		区域人均住房面积		容忍度 *	
	人均汽车数量		区域人均汽车数量		容忍度 *	
	年均旅游次数		区域人均出游次数		容忍度 *	
家庭财富自由度						

容忍度表示家庭价值观念因素对财富自由度的判断影响。容忍度的标准值为 1，表示能够容忍家庭财富实际指标与外部平均指标一致。容忍度 >1，表示能够容忍家庭财富实际指标慢于外部平均指标的程度，数值越大，表示容忍度越高。容忍度 <1，同理。

第五节　家庭分解合并测评

　　家庭组织不是一成不变的，而是像企业组织一样，也会产生分解和合并。而且随着我国家庭观念和婚姻观念的转变，家庭分解合并的情形越来越多，所引发的问题也越来越受到关注。

　　家庭组织的改变必然对家庭经济活动和家庭财富产生影响。测评家庭组织变化影响的大小，进而为家庭组织分解或合并进行决策，也是家庭管理会计的重要内容。

一、家庭分解与合并

　　家庭分解与合并的判断要以其经济实质为标准。

　　1. 家族不是家庭的合并

　　在我国长期的观念中，家族作为一个整体占据着重要的地位。但是，从经济实质上判断，家族并不是家庭的合并。家庭这一组织的认定，必须是该组织具有共同的经济活动和目标。

　　家族是家庭的并列。家族是社会学意义上的组织，而不是经济学意义上的组织。家族中的家庭是并列的关系，而不是合并的关系，并不存在一个大家族式的

"母公司"来编制所有家庭的合并报表。

2. 分户不是家庭的分解

"户"是法律意义上的家庭，但不一定是经济意义上的家庭。"户"和家庭并没有一一对应的关系，一户可能不是一个家庭组织，一个家庭组织也可能不是一户。

因此，我们所说的"分户"，并不意味着原来家庭组织的分解。如前所述，判定一个家庭组织还是要以该组织是否有共同的经济活动和目标为标准。

3. 婚姻的改变往往会引起家庭组织的变化

婚姻是家庭组成最为关键的因素。现实中，婚姻的破裂意味着家庭中最重要的两个成员的分离，那么从经济意义上看该组织基本不会再有共同的经济生活和目标。

因此，婚姻的破裂往往意味着家庭的分解。同理，重新组合的婚姻往往意味着两个家庭组织的合并。

二、家庭分解与合并的影响

家庭分解与合并对家庭组织经济活动和家庭财富管理会产生根本性的影响。这些影响涉及财产分割（合并）、债务分担（共担）、权益享有、税收征缴等多个方面。

1. 财产分割（合并）

婚姻破裂导致家庭组织分解，会引起原家庭组织财产的分割。所分割的家庭组织财产为夫妻共同财产。我国《婚姻法》第十七条规定，夫妻在婚姻关系存续期间所得的下列财产，归夫妻共同所有：（一）工资、奖金；（二）生产、经营的收益；（三）知识产权的收益；（四）继承或赠与所得的财产，但本法第十八条第三项规定的除外；（五）其他应当归共同所有的财产。夫妻对共同所有的财产，有平等的处理权。所谓夫妻关系存续期间，是指夫妻结婚后到一方死亡或者离婚之前这段时间。这些期间夫妻所得财产，除约定外，均属于夫妻共同财产。

在离婚导致的家庭组织分解中，必须对上述财产进行划分和评估。从管理会计视角看，以上各类资产应单独列项管理。

2. 债务分担（共担）

婚姻破裂不但会引起家庭组织财产的分割，还会引起家庭债务的分担。我国《婚姻法》第四十一条规定，离婚时，原为夫妻共同生活所负的债务，应当共同偿还。共同财产不足清偿的，或财产归各自所有的，由双方协议清偿；协议不成时，由人民法院判决。

随着家庭财富的增多、家庭杠杆率上升以及婚姻观念转变带来的离婚率上升，家庭债务分担问题越来越多。家庭债务分担的基本原则是"共同债务共同承担、个人债务个人承担"。但对于共同债务和个人债务的划分和认定，却存在着极大的争议和变动空间。

夫妻债务一般形成于夫妻关系存续期间，也就是依法登记结婚之后，但是符合条件的婚前债务也可能被认定为共同债务。如夫妻一方婚前举债购置资产并已转化为夫妻共同财产，那么为购置这些资产所负的债务则被认定为共同债务。

婚姻关系存续期间以一方个人名义所欠的债务，原则上应当认定为夫妻共同债务，但也需要具备夫妻双方存在举债合意，夫妻双方分享债务所带来的利益等条件。比如，夫妻一方未经双方同意，独自筹资从事经营活动，且其收入未用于夫妻共同生活，则被认定为个人债务。

在婚姻关系结束即离婚后，夫妻双方就共同债务承担的约定对第三方无效。这是因为夫妻双方的约定属于内部约定，在夫妻双方形成一个债权债务的划分，对夫妻双方可以约束，但是不能以内部约定对抗债权人。债权人可以就共同债务向夫妻任一方要求偿还。当然，偿还债务的一方可以依照内部约定追偿。

3. 权益享有

家庭组织权益，是随着经济社会发展而产生或消亡。最为典型的就是楼市调控的强化和家庭限购政策带来的购房权益。双方婚前购房与婚后购房的成本、首付比例等有很大的差异。

现实中，只要是对于家庭组织而赋予的权益往往都会随着家庭组织的改变而改变。

4. 税收征缴

（1）财产分割引起税收征缴的改变。

在婚姻破裂时，结婚在节税方面能发挥不小作用。在离婚时，夫妻可以在离婚协议或者诉讼中对财产一并进行分割，也可以先解除婚姻关系，将财产留待日后分割。但是，后一种财产分割方式会大幅增加税收成本。

法律规定，在夫妻关系存续期间，夫妻一方将婚前个人所有的房产、土地使用权或者股权转让给另一方的，不征收契税、个人所得税、增值税，即使相关财产的权属已经发生了实质性的转移。但这种税收优惠仅限于夫妻关系存续期间，截止于办理离婚登记之日。如果先办理了离婚登记，再进行财产分割，则情况完全不同，税负成本将大大增加。

（2）个人所得税新政引起税收征缴的改变。

随着个税改革新政的全面实施，我国个人所得税征缴进入了一个新的阶段。在这个新阶段，家庭组织的变化对于税收征缴也会产生影响。子女教育、住房贷款利息或者住房租金、赡养老人等专项附加扣除都与夫妻双方有关。

5. 家庭分解与合并的测评

如上所述，从家庭财富管理角度看，家庭组织的改变会引起一系列的变化。家庭分解与合并应对相关的因素进行理性地评估和测算，减少家庭组织变化的成本（见表 4 – 20）。

表 4 – 20　　　　　　　　家庭分解与合并测评

财产分割（合并）测评

项目	金额	项目	金额
婚前财产		共同财产	
		工资、奖金	
		生产经营收益	
		知识产权收益	
		继承或赠与所得	
		其他财产	

债务分担（共担）测评

项目	金额	项目	金额
家庭债务		协议分担债务规模	
共同债务			
个人债务			

权益享有

项目	数量	评估价格
购房权		
购车权（含牌照）		
承包经营权		
其他权益		

税收征缴

项目	金额
个税影响	
契税影响	

第六节　家庭数字化资产管理新探索

随着现代化信息技术的发展，数字经济、数字资产、区块链技术等方兴未艾，产业数字化的趋势将日益明显，受到世界各国和各领域的普遍关注。在家庭管理会计领域，数字化带来了新的探索空间。总归起来看，数字化对家庭资产管理的影响在于：数字化为布局家庭资产带来新领域，数字化为挖掘家庭资产带来新蓝海，区块链为数字化带来新技术。

一、资产数字化的新布局

"当今世界，科技革命和产业变革日新月异，数字经济蓬勃发展，深刻改变着人类生产生活方式，对各国经济社会发展、全球治理体系、人类文明进程影响深远"。① 数字化对家庭管理会计的直接影响表现为，数字化成为家庭资产管理的新工具。

中国信息通信研究院发布的《中国数字经济发展与就业白皮书（2019 年）》数据显示，2018 年我国数

---

① 习近平.《习近平向 2019 中国国际数字经济博览会致贺信》. 新华社，2019 - 10 - 11，http：//www. xinhuanet. com//2019 - 10/11/c_ 1125091565. htm.

字经济规模达到 31.3 万亿元，增长 20.9%，占 GDP 的 34.8%，而产业数字化规模达到 24.88 万亿元，占 GDP 的 27.6%。产业数字化是目前数字经济发展的主要方向，产业数字化就是讲传统产业的优势与数字化相关技术进行深度融合，推动传统产业的转型，进而形成一种新的价值创造方式，打开新的发展空间。

与产业数字化相对应的，在家庭资产管理领域就是家庭资产的数字化。资产数字化的基础还是已经存在的家庭资产，通过数字化技术，将这些家庭资产进行电子化、数据化，形成电子资产并流通。

家庭资产数字化的优势在于极大提高家庭资产的通用性、交易性、盈利性，并通过数字化技术的发展提高家庭资产的安全性。

在数字化机遇下，以数字加密货币为基础，进行家庭数字资产交易，拓展家庭数字资产融资，将是未来家庭资产管理的前沿工具。

1. 数字加密货币

数字加密货币中，最具代表性的当属比特币（Bitcoin）。它最为直观地将数字资产带入资产配置的选项之中。未来家庭资产的布局首先要关注的就是数字加密货币的发展状况。就如同货币是各类实体资产的交易基础一样，数字加密货币很可能是未来家庭数字资产的交易基础。

2. 数字资产交易

目前关于数字资产交易的实践良莠不齐，但从未来看，随着行业的分化整合和技术的突破，数字资产交易系统将会有很大的空间。通过家庭数字资产交易平台，实现对家庭资产包括贵金属、房屋、车辆、家具等有形资产，也包括专利、收益权等各类无形资产的数字化存储、盘活，对家庭数字资产进行确权、交易、追溯，形成透明、高效、可信任的生态系统。

3. 数字资产融资

家庭财富的管理与家庭投融资密切相关，在数字化场景中，家庭融资将得到快速发展。家庭资产数字化使得家庭融资突破了传统融资的抵押资产不足、信息不对称等障碍，为家庭融资提供了极大的便利。

二、数字资产化的新蓝海

与资产数字化同步发展的是数字资产化。两个概念同属于数字经济的范畴，但是本质上存在着很大差异。数字资产化是将原有的资产进行数字化处理，提高资产的通用性、交易性、盈利性和安全性。但是，数字资产化的基础是基于数据本身，是对数据价值的挖掘。

如果说产业数字化、资产数字化是目前数字经济的主要发展方向，那么，未来数字经济的发展一定是数字产业化和数字资产化。

数字资产化的发展基于大数据本身，是对数据价值的挖掘。每个人、每个企业、每个个体都是一个数据源，时时刻刻都在产生数据，并形成一个相互关联的数据网络。随着数字化技术的发展，这些大数据有了被记录的基础，进而有了被挖掘价值的空间。但是，目前大部分的个人数据、家庭数据、企业数据在被市场先入者无偿使用和占有。

未来，家庭数据将成为家庭资产新的来源，通过数字资产化后，形成具有显著价值的家庭资产。数字资产化的特征是原生性、持续性、巨量性，是家庭数字资产新的蓝海。

围绕家庭数据的资产化实现，开展家庭数据存储、记录、应用，将极具商业价值。

1. 家庭数据存储

科技公司 Domo 预测，到 2020 年，地球上每人每天将产生超过 140GB 的数据。这些数据蕴含着很大的价值，可以为政府治理、商业活动、个人生活提供更优化的数据支持。存储家庭数据将是家庭数字资产化的前提。

2. 家庭数据记录

家庭数据，主要表现为个人数据，无时无刻不在产生，但是由于无法记录，原生数据大量流失。对家庭和个人的行为，包括交易行为、信用行为、责任行为等，进行记录并确权具有很大的商业价值和社会价值。

3. 家庭数据应用

海量的家庭和个人数据被记录、存储后，开发应用是形成家庭数字资产的"惊险一跃"。围绕着家庭和个人数据的应用，例如信用评级、知识付费、广告流量、物联网等将成为未来商业挖掘的重点。

三、区块链技术的新赋能——家庭银行新业态

无论是家庭资产数字化还是家庭数字资产化，数字化技术突破是基础。作为一种新型底层 IT 技术，"区块链＋"将为数字化发展提供新赋能。

区块链已成为技术发展的前沿阵地，是全世界科技大国争相布局和激烈竞争的战略高地。2019 年 7月，美国参议院商业、科学和交通委员会通过了《区块链促进法案》；2019 年 9 月德国政府发布区块链战略，挖掘区块链技术促进经济社会数字化转型的潜力。而我国也对区块链发展进行了前瞻性部署，提出"要把区块链作为核心技术自主创新的重要突破口，明确主攻方向，加大投入力度，着力攻克一批关键核心技术，加快推动区块链技术和产业创新发展"。[1]

区块链技术使得数据信息具有公开透明、不可篡改、不可伪造、可追溯、去中心化等特征，将为家庭

---

① 习近平.《习近平：把区块链作为核心技术自主创新重要突破口》. 人民日报海外版，2019 – 10 – 26，http：//paper. people. com. cn/rmrbhwb/html/2019 – 10/26/content_ 1952533. htm.

数字资产化和家庭资产数字化提供新赋能。

区块链技术的应用场景十分丰富。目前，在金融领域应用区块链技术最为集中。未来，数字货币、金融资产交易、金融资产结算、数字税收票证、个人信用评价以及物流、保险、物联网等与数据密切相关的领域也将会成为区块链技术应用场景，诞生家庭银行新业态。

1. 传统银行的"中心化"基础动摇

银行业的发展始终与社会的进化息息相关。目前我们常见的银行，如工商银行、农业银行、建设银行、招商银行、平安银行、广发银行、北京银行、财务公司等金融机构，都是基于"中心化"媒介的传统银行。虽然银行的业务品种已经获得了极大的发展，但业务模式还是以中介为特征，发展的基础还是"中心化"信用。

从服务的范围或者对象看，可以将传统银行分为社会银行、企业银行、个人银行三种类型。

社会银行主要是指持银行牌照的金融机构，如中农工建等，其服务的对象多为社会公众，在金融监管的框架下为社会公众提供服务。这也是我们最为常见的一种银行类型。

企业银行是一个相较于社会银行范围较少的一个银行类型，其银行业务并不一定体现在其名称上，往往是企业集团内部的财务公司。其所服务的对象是本企业集团，为各分公司、子公司、上下游客户等提供资金的融通服务。

个人银行或者称为私人银行的服务对象则主要是高净值个群体，是更为特色的银行类型。随着我国个人财富的增加和分化，高净值人群的规模和资产越来越大，个人银行的发展也非常迅速。根据中国银行业协会和清华大学五道口金融学院的《中国私人银行业发展报告（2018）》，2018年我国中资私人银行的资产管理规模已经达到12.3万亿元，客户数超过90万人。其中，工商银行、农业银行、中国银行、建设银行和招商银行是中资私人银行发展第一梯队。

2. 家庭银行的"去中心化"优势凸显

在区块链技术的新赋能下，传统银行发展的基础将受到巨大冲击。由于区块链具备去中心化、不可篡改等特征，这将直接挑战依托中心加持信用的传统银行基础。未来，基于区块链技术的家庭银行将迎来发展机遇。

与以上按照服务范围或者对象的划分不同，家庭银行不是服务于家庭的银行，而是基于家庭管理会计、家庭信用和区块链技术而建立的新银行类型。

家庭银行以家庭管理会计为基础。在家庭管理会计下，家庭的资产、负债、净资产等得到全面记录和核算，家庭成为一个具备资产负债的组织。

家庭银行以家庭信用为依托。银行的核心是信用。

家庭银行依然是以信用为核心，但不同的是家庭银行是基于本家庭的信用。通过对家庭信用包括交易、责任等多维度信用评价的记录、反映、评价，形成独立的信用主体。技术的发展和成熟，使得对人们信用进行全面评价的社区责任评价体系成为可能。区别于现有的聚焦于市场交易和借贷的信用体系，社区责任评价体系重点放在对人履行社区责任的记录反映和评价上，因此其征信更加全面、可靠、有效。由于社会信息传递和处理速度的飞速提升，将家庭放在整个社会生态下考量的家庭银行较之传统银行会更加精准、高效和低成本。

　　家庭银行以区块链技术为支撑。家庭管理会计和家庭信用为家庭银行的发展奠定所需基础，但如果没有区块链技术的突破，信用还是无法突破"中心化"的束缚，还是要回到传统的银行类型。正是在区块链技术的支撑下，家庭将可以演变为一个独立的"银行"主体。任何一个家庭都可以通过对本家庭和其他家庭的资产负债、信用等进行评估，进而为自身和其他家庭提供直接和高效的投融资服务。可以预见，传统的私人银行等将日渐式微，家庭银行将取代其并进一步开拓市场空间。

第五章

家庭流动性管理

　　家庭的运行和一个国家、央行、财政、企事业单位相类似，必须处理好安全性、流动性和效益性三者的关系，保持三者的平衡。社会经济运行当中，如果流动性缺乏，现金短缺，那么发展的"血液"不够流畅，这样会严重影响社会经济的发展质量。家庭过日子，流动性充分尤其重要，如果流动性管理不好，那么即便高收入的家庭也老是缺钱，家庭的幸福感将大为降低。

第一节　家庭流动性实质

　　家庭的资产管理中，资金总是以不同的形式存在，如股票、债券、基金、黄金、外汇、房产等，无论何种载体，在制定个人理财计划和做出投资决策时，应把握"三性"原则，即安全性、流动性、效益性，以确保个人资产的保值和增值。

家庭资产的安全性指投资本金和收益的保障程度。财富也只有在"安全"的循环周转中不断积累和扩大。据说，巴菲特有三大投资原则：第一，保住本金；第二，保住本金；第三，谨记第一条和第二条。本金是种子，没有种子便无法播种，更无法收获。很多投资者容易走两个极端：要么过分强调安全，要么孤注一掷。投资的安全性也是相对的，没有绝对无风险的投资，也没有在完全风险条件下的投资。作为普通投资者在考虑投资的安全性时，首先需要我们树立风险意识，风险无处不在，但同时也切莫认为投资具有风险性而畏缩不前、拒绝风险投资。

家庭资产的收益性指投资的回报程度。收益是投资的根本，收益和风险是相伴相随的。作为普通投资者必须合理期望收益，把握好理财项目的风险程度与合理收益的关系。财富在于均衡的结果，而不是不切实际的一夜暴富。

家庭资产的流动性是资产转换为现金的能力，现金和银行存款是流动性最强的资产。资产配置中保持一定的流动性是非常有必要的，否则有可能陷入偿付危机。钱如果长期困在一个投资项目里，即使表面上看来有比较高的收益率，但若算上时间成本则非常不划算。

"鱼和熊掌不可兼得"，高流动性的资产一般收益不高，收益高的资产的安全性可能受损。家庭资产的安全性、收益性和流动性应均衡考虑。

根据家庭资产的性质，不同的资产流动性是不一样的，而且资产即时变现，其收益受损的程度是不一样的（见表 5 - 1）。一般而言，现金和活期存款的流动性最强，想用则用，本来收益就小，因此也不存在受损。而银行理财产品，大多数不能提前变现，除非合同中写明可以提前赎回，因此它的流动性较弱。对于股票、基金和债券此类金融资产，价格波动大，需要变现时，收益是否受损则取决于当时的市场行情。

表 5 - 1　　　　家庭资产流动性强度一览表

资产	流动性强度	变现收益受损度
现金	强	变现收益无损
活期存款	强	变现收益无损
定期存款	强	变现收益有损
银行理财产品	弱	一般不能变现
货币市场基金	强	变现收益无损
股票	中等	变现收益可能受损
基金（除货币市场基金外）	中等	变现收益可能受损
债券	中等	变现收益可能受损
金银首饰珠宝	弱	变现收益可能受损
汽车	弱	变现收益一定受损
房产	弱	变现收益可能受损

由于家庭资金来源与资金使用的时间不同步，家庭就需要保持一定比例变现力较强的资产，来应付即期的资金需求，比如水电费、交通费、生活日常需求等，而不是把资产全部放在收益性高、变现性弱，或变现时可能发生较大损失的资产上。

家庭资产的流动性管理，本质是为了满足即期的资金需求，进行流动性资产工具的配置。流动性管理分为两种：一种是主动型管理，也就是用自己的钱来填补流动性缺口，即主动选择流动性较强的资产来提防可能出现的流动性需求。流动性最强的资产是活期储蓄，其次定期储蓄变现也很容易，只要放弃可获得的利息收益。除了储蓄之外，货币市场基金也是一个非常好的流动性管理工具。另一种是被动型管理，也就是用别人的钱的来满足流动性缺口，是主动型管理的一种补充。为了应付突如其来的资金需求，如果没有充足的流动性准备，就不得不采取被动型的管理，比如信用卡取现，但取现的利息成本非常高，另外还可以通过典当或出售非流动性资产以获得流动性。被动型流动管理都会承担一定的成本，或者造成一定的损失。

第二节 主动型流动性管理工具选择与应用

一、银行存款

银行存款是普通人最常见也是最为熟悉的一种流动性工具。进入银行大厅，大家就会看到大大的显示屏幕上滚动着各种不同存款类别的挂牌利率，有可能各家银行的利率不完全一致。表 5 − 2 是中国人民银行最近的存款基准利率，各大银行可以根据下列标准，做适当的浮动。

表 5 − 2 存款利率表

项 目	年利率（%）
一、城乡居民存款	
（一）活期	0.30
（二）定期	
1. 整存整取	
三个月	1.35
半年	1.55
一年	1.75
二年	2.25
三年	2.75

续表

项　　目	年利率（%）
2. 整存零取、存本取息、零存整取	
一年	1.35
三年	1.55
3. 定活两便	按 1 年以内定期整存整取同档次的利率的 6 折执行
二、通知存款	
一天	0.55
七天	1.10

银行存款分为活期和定期两种。

活期储蓄流动性最强，但是其利率也最低，而其他定期类存款未到期取出利息将受到损失。每个季度，活期储蓄结算利息一次，3、6、9、12 月的 20 日为结息日，按照当天的利率计算利息，并在这一天将利息转入你的账户。如果你在当天准备销户，那么银行将按当天的活期利率计算利息并连同本金支付给你。

定期储蓄有以下三种不同的类别：

最常见的一种是整存整取，就是存款整笔存入，到期后支取本金和按约定的存期计算的利息，有三个月、半年、一年、二年、三年期。如果未到约定存期提前取出，则需凭身份证支取，但利息只能按活期计息。整存整取存款是按照存单开户日当天的利率来计息的，如果在整个存款到期前，国家基准利率进行了调整，那么无论调高或是调低，整存整取都不会分段计息，而是按原有存单上记载的利率计算利息，也就是说，整存整取存款一旦存入利率就是固定的，不会随着市场行情进行波动。如果储户准备提前支取，那么提前支取的部分就会发生利息损失，因为提前支取的部分是按照当日的活期利率计息，剩余未支取的还是会按照原定利率计息。

第二类，零存整取、整存零取、存本取息。零存整取指每月固定存款，到期一次支取。整存零取则是零存整取的反向，也就是本金一次存入，然后分批等额支出。存本取息是指整笔存入、分次取息，到期一次支取本金的储蓄。这三种约定的存期只有一、三年期，利率比相同档次的整存整取要低一些。目前，除了活期和整存整取的计息方式由中国人民银行统一确定外，其他储种的计息规划可以由商业银行自己根据情况确定并告诉客户，只要不超过人民银行同一档次存款利率上限即可。

第三类，定活两便是存款时不约定存期，可随时支取的一种储蓄，按一年以内定期整存整取同档次利率打六折执行。

当处于存款还是人们主要理财方式的时代，还有很多人选择第二类和第三类储蓄，也是流动性和收益性搭配的权衡之计。如今，更多流动性强的工具，如货币市场基金、余额宝、理财通等出现，后两类储蓄方式逐渐淡出人们的视野。

还有一种通知存款，既不属于活期也不属于定期，是单独一个类别的储蓄品种。通知存款，它没有固定的存款期限，一次性存入银行，存款金额一般在五万以上，中途可以多次支取，当然支取时必须提前通知银行，可以提前一天或者七天，因而分为一天通知存款和七天通知存款。通知银行时，需要约定支取的金额和日期，到了约定日期，相应金额的款项就会转入你的活期账户。通知存款一般而言，很适合手头有大笔资金准备用于近期（3个月以内）开支的情况，它可以获得比活期储蓄更高的利息。

假设你手头有200万元的现金，准备作为买房首付款，如果全存入活期，利息很少，但你又不知道到底什么时候需要付款，这时，可以存七天通知存款，既可以保证想用款时能够及时用款，又可以享受比活期高几倍的利息。而且有些银行做的短期理财，其实就是"通知存款"的变形。

现阶段活期利率为0.30%，而七天通知存款的利息1.10%。那么，200万元如果存三个月就会取出来使用。按活期计息：200万元 × 0.3% × 3/12 = 1500元；按通知存款计息：200万元 × 1.10% × 3/12 = 5500元，收益高出4000元。

其实我们的存款还有一种选择——大额存单，它是由银行发行的记账式大额存款凭证。大额存单和一般的定期存款有什么区别呢？

（1）存款起点不同。

2015 年 6 月 2 日，中国人民银行公布《大额存单管理暂行办法》，其中规定个人投资者不低于 30 万元，机构投资者不低于 1000 万元。由于对于个人而言 30 万元门槛过高，大额存单人气遇冷，因而 2016 年 6 月初中国人民银行再次发布公告，将个人投资者投资门槛修改为不低于 20 万元。而对于定期存款而言，只需要 50 元就可以开户，起点更低，可以说几乎任何人都可以参与。

（2）存款期限选择不同。

普通存款是老百姓的自主行为，存多少钱由储户自主决定；大额存单是银行发行采用标准期限的产品，存多少钱、存多少时间，由银行确定，投资者被动接受。大额存单的期限相比定期存款有着更多的选择，包括 9 个品种：1 个月、3 个月、6 个月、9 个月、1 年、18 个月、2 年、3 年和 5 年。

（3）存款收益不同。

大额存单利率更高。大额存单的计息方式分为固定利率和浮动利率两种。就目前市面上已发售的大额存单来看，利率一般都上浮 40%，有时上涨 50%—55%，因而同期限的大额存单利率比普通定期存款更高，收益更高。

（4）流动性不同。

大额存单和定期存款最大的区别就是大额存单流

动性更好。大额存单可转让功能，让其具备了一定的流动性，但不是所有的大额存单都可以转让。大额存单分为定期付息存单和到期付息存单。只有购买的是到期付息存单才可以转让。

大额存单本质上是一种存款类金融产品，所以与定期存款一样，都被纳入存款保险范围之内，风险比较低。

生活中，总有些紧急或意外事情需要将定期存款提前支取，按照规定，提前支取只能按活期利率计算，下面提供两个技巧可以尽量避免损失。

一是定期存款部分支取。整存整取到期支取，才能享受定期的高利率，如果没有到期，可以提前支取整笔存款的一部分金额，提前支取的部分按活期计算利息，但是剩余金额仍然可以按照原来的定存协议以及利率约定享受利息收入。

例：李小玉在银行存了 100 万元一年期定存，六个月后需要 20 万元周转，那么提前支取的 20 万元的利息将会按活期计算，而剩余没有提前支取的 80 万元仍然以当时存入的约定利率计算。假设 1 年期定存年利率 1.5%，活期存款年利率 0.35%，计算可得：

部分支取的利息 $= 800000 \times 1.5\% + 200000 \times 0.35\% \times 180/360 = 12350$（元）

利息差额 $= 12350 - 1750 = 10600$（元）

因此，部分支取比全额支取要多出利息 10600 元。

二是定期存款质押。除了部分支取定期存款可以减少利息损失外，也可以用存单作抵押办理小额贷款手续，到定期存款到期时再还贷，这样也可减少利息损失。

例：张小三于 2016 年 6 月 8 日存入银行 100 万元三年期的定期存款，当时 3 年期利率为 4.65%，本应于 2019 年 6 月 8 日存款到期，但是 2019 年 6 月 2 日张先生生意周转遇到困难，决定动用这笔 100 万元的存款，当时活期利率为 0.35%，一年内短期贷款利率为 4.6%，你有什么办法尽量减少张先生的利息损失呢？一种方法是直接提前支取，另一种方法是办理定期存款质押贷款，贷款时间为 6 天，即贷款计息 6 天，6 月 8 日定期存款到期归还贷款。

第一种方案：直接提前支取。

提前支取存款的利息 = 1000000 × 0.35% × 3 = 10500（元）

第二种方案：定期存款质押。

存款到期的利息 = 1000000 × 4.65% × 3 = 139500（元）

定期存款质押贷款利息（6 天）= 1000000 × 4.6% × 6/360 = 766.67（元）

定期存款质押扣除贷款利息后的实际获得利息 = 139500 − 766.67 = 138733.33（元）

从上面可以看出，如果办理定期存款质押，所获得的利息为直接提前支取利息的 10 倍以上。选择是否定期存款质押是扣除质押贷款利息后的净定期存款利息与提前支取的活期利息之间的比较，即：定期存款利息 – 质押贷款利息 > 提前支取定期的利息

总之，要善于利用银行提供的各种存款方式和工具，尽可能在流动性和收益性之间达到一个动态平衡，即不会一味追求利息，也不会为了保证流动性，而完全放弃定期的高收益。

现在很多商业银行都开辟了兼顾资金流动性和收益性的金融增值服务，并不是单纯的定期和活期。比如，交通银行提供一种"超享存"的业务，一旦签约，银行会在每一营业日结束后，根据你签约时确定的起存金额（必须高于 1000 元）。比如你设置的起存金额为 5000 元，那么每日余额高于 5000 元的部分以 1000 元为单位，自动开立一笔"超享存" 3 年期定期子账户。刷卡消费或者提现时，如果当时活期账户资金不足，约定定期账户资金也可以随时取用，按照后进先出的原则，自动转出，尽享活期便利。而且可以根据你实际的存期靠档计息（见表 5 – 3），使你的利息收益最大化。

表 5 – 3 　　　　　　　　超享存实际计息标准

实际存期	利率
1 天—7 天（不满 7 天）	活期存款央行基准利率
7 天—3 个月（不包括 3 个月）	7 日通知存款央行基准利率
3 个月—6 个月（不满 6 个月）	3 个月整存整取央行基准利率上浮 40%
6 个月—1 年（不满 1 年）	6 个月整存整取央行基准利率上浮 40%
1—2 年（不满 2 年）	1 年整存整取央行基准利率上浮 40%
2—3 年（不满 3 年）	2 年整存整取央行基准利率上浮 40%
3 年	3 年整存整取央行基准利率上浮 40%

　　商业银行里类似的这种业务有一个最大的优势，就是保证你的资金充分使用，让利息收益最大化，如果账户金额低于"签约"的起存金额，就会按照"后进先出"的原则自动填补过来。它不但不会影响正常生活，还能在不知不觉中为存款者带来更多的利息收益。

　　老百姓把钱存入银行，还有一个非常关心的问题，就是如果银行破产了，存款还在吗？其实无须担心，2015 年 5 月 1 日起，《存款保险条例》开始实施。该条例规定，最高偿付限额为 50 万元，且明确 7 个工作日内必须足额偿付，超出 50 万元的部分，从该银行的清算财产中受偿。

　　因此，对于在一个银行存款不到 50 万元的人来说，存款保险制度并不会对其有巨大的冲击。对于存款大于 50 万元的人来说，会倾向于挑选规模较大、信用级别相对高的银行。但是这个 50 万元的标准额并不是一成不变的，中国人民银行会同国务院有关部门根据经济发展、存款结构变化、金融风险状况等因素来进行调整的。

二、货币市场基金

货币市场基金（以下简称货币基金）的投资对象是市场上的短期有价证券，比如国债、政府短期债券、企业债券、银行定期存单、银行承兑汇票、商业票据等。货币基金只能采取红利转投的分红方式，也就是分红的收益转化为基金份额，货币基金的每份单位始终保持在 1 元，每个月末当月结算的收益通过红利转投的方式，自动转化为基金份额。而其他开放式基金可以选择红利转投，也可以是现金分红，如果不分红的话，份额固定不变，单位净值随着所投资证券的价值上涨而上涨。

货币基金有如下特点：一是本金安全。投资于短期债券、商业票据、银行定期存单等货币市场工具，基金面值始终保持 1 元，投资风险低；二是流动性强。申购赎回方便，资金到账快，赎回后第二天就可用款；三是收益稳定。年收益率一般同同期定期一年的存款利率差不多，成本低，购买不存在任何费用；四是分红免税。日日计息，月月分红，享受复利，每月分红结转份额，分红免收所得税。

有人把货币市场基金称为大笔现金的"临时停车场"，意思是在任何时候可赎回，不会影响投资者的突发性资金周转急需。

购买货币市场基金一般有两个收益指标会显示：七日年化收益率和万份收益。

货币基金的净值永远是 1 元，每万份基金单位收益就是说每 1 万份基金（也就是 1 万元）在当天的实际收益，七日年化收益率是货币基金最近七日的平均收益水平进行年化以后得出的数据。

比如南方现金 A（202301）货币市场基金，2019年 6 月 10 日万份收益为 0.77964 元，七日年化收益率2.729%，这表示南方现金 A 在 6 月 10 日这一天投资一万元可以获得收益 0.77964 元，而把最近七天的收益平均年化后的收益率为 2.729%。无论是万份收益，还是七日年化收益率，并不是一成不变的，都会随着基金经理的操作和货币市场利率的波动而不断变化，因此，一两天或者一两周的万份收益和七日年化收益率并不能完全代表这支货币基金的实际年收益，这两个指标只能用来参考近期的盈利水平，是一个短期性的指标。

对于货币市场基金，大家可能比较陌生，而对余额宝就比较熟悉了。余额宝于 2013 年 6 月成立，它是支付宝提供的一种账户余额增值服务。购买余额宝，实际上是购买了天弘余额宝货币基金（000198）。余额宝内的资金还能随时用于网购支付，灵活提取。2019年12月18日，余额宝公布的数据显示，余额宝用户量已突破6亿。成立五年多以来，用户累计赚取收益1700亿元，相当于平均每天赚一个亿。

另外，微信的理财通也提供了相类似的货币市场基金可以供选择，比如南方基金现金通、易方达基金理财、汇添富基金全额宝、华夏基金财富宝等。

余额宝让货币市场基金成为家庭的主要配置。由于货币市场基金的投资对象都是具有良好流动性的金融工具，比如剩余年限小于397天的国债、金融债、企业债及可转债等短期债券、中央银行票据、期限在一年以内的债券回购等，其风险较小，同此意味着对货币市场基金的收益不要抱不切实际的幻想。比如在牛市期间，股票类基金收益高达20%—30%，甚至60%—70%，而投资的货币市场基金依然会不愠不火地保持"个位数"的收益。货币市场工具应作为家庭流动性管理的"标配"，而不是高收益的主要担当。

通常人们认为货币市场基金没有风险，但它毕竟与银行存款不同，没有存款保险制度的保障，那么是否买入货币市场基金就可以高枕无忧了呢？按常规来说，货币市场基金确实风险很小，但如果非常极端的情况出现，比如投资者同时要求赎回，而货币市场基金本身持有的产品并不能马上全部变现满足投资者的需求，就如同"多米诺骨牌"一样，货币市场基金可能就面临挤兑风险。如果像余额宝天弘基金这样的"巨兽"发生风险，不可避免地会对整个金融市场和其他金融机构产生影响，严重时或会引发系统性风险。为防止这样的风险发生，余额宝对个人持有的最高额度先后调整为 25 万元、10 万元，而后单日申购额度限制在 2 万元。

第三节　被动型流动性管理工具选择与应用

一、民间借贷

如果家庭现有资金和资产不能满足流动性需求，也可以动用"个人信用"来填补流动性缺口——向你的亲朋好友借钱，也就是民间借贷。

民间借贷的手续比银行贷款方便很多。若向银行贷款，一般银行要进行资信调查，而且时间长，手续繁杂，需要提供一大堆的资料，而民间借贷的资金获取便捷性较高，1—2 天或者更短的时间内就可以获得所需要的资金，深受老百姓的喜欢。民间借贷的金额和时间不定，少则百来元的临时救急，多则万元甚至百万元的资产购买，短则一两天的临时借用，长则上十年的资金占用，借贷金额的多少和使用时间的长短取决于双方的信任程度，或抵押物的价值或担保情况。

现实生活中，民间借贷多发生在"有交往"的亲戚或朋友之间，由于他们平时的关系就比较紧密，或碍于面子或出于信任，民间借贷的双方当事人往往不签订任何书面证据，而是以口头协议的形式来确定。在这种情况下，一旦借款方想逃避债务进行否认，另一方就会因拿不出相应的证据而陷入"口说无凭"的尴尬境地，就算起诉到法院，出借人往往会因为无法拿出证据而败诉。因此，民间借贷最好订立合同，以明确双方的责任和义务。

有的人写借条，还有人写收条或者是欠条，三者是一回事吗？虽然仅仅一字之差，但三者之间的法律含义则存在着非常大的差异。

"收条"，也可以称为收据，代表我收到了你的钱或物品，但不能证明我俩之间的债权债务关系。曾有这样一个案例：甲借钱给乙，乙开具了"收条"给甲。后来，乙不还钱，甲凭着"收条"把乙起诉到法院，乙不承认借钱一事。结果法院判决甲败诉。甲在此案中败诉的理由很简单，在乙不承认债务的情况下，单是一张"收条"是不能证实"乙欠甲的钱"这一事实的。因此，"收条"和"借条"是不可以乱套用的。

很多人觉得写欠条和借条，中文意思差不多吧，其实他们之间的法律意思相差很多。借条表明债权关系形成的原因是"借贷"，而欠条则只能说明双方关系是"欠"，无法表明债权关系形成的真正原因。"欠条"产生的原因有很多，借钱可能是其中一种原因，比如送货后没给钱、赌输了欠钱、用餐后没带钱等情况，都可以打欠条。只要债务人没有及时履行债务，债权人也可以要求打"欠条"，也就是如果你要证明欠条是借款，还得拿出其他证据。

总之，欠条是基于欠款而产生的法律关系，借条是基于借款而产生的法律关系。借款一定是欠款而欠款不一定是借款。

你和朋友之间的借贷，在写借条时还要注意以下一些问题，以免以后产生纠纷。

第一，要规范地签写借条，一般内容包括：因为什么原因，向什么人借了多少钱，借款利率是多少，什么时候应该归还，借款人签名以及日期。借款金额前应该注明所借款项的货币币种，并且用大写的汉字，以免被更改，同时还在括号里填上小写的阿拉伯数字。

第二，特别注意不要使用多音、多义字，比如借条上写"还欠款人民币捌万元"，这句话既可以理解为你已经归还了捌万元，也可以理解为你仍然欠对方捌万元。

第三，借条务必由借款人亲笔书写身份证上的全名。有的人意图逃避债务，找人代写借条，当出借人要求归还借款时则以不是自己笔迹为理由，拒绝偿还。

如果借条为打印稿，最好要求借款人签名或者盖章，并且按手印。

第四，安全保管借条，防止借条丢失或者被盗。

民间借贷的利率可以由出借人和借款人双方自由商定，但是也有一个最高限制。1991年《关于人民法院审理借贷案件的若干意见》中的第六条有规定，民间借贷的利率不能超过同期银行贷款利率的4倍。但《最高人民法院关于审理民间借贷案件适用法律若干问题的规定》（2015年9月1日起施行）已经对此进行了修改："借贷双方约定的利率未超过年利率24%，出借人请求借款人按照约定的利率支付利息的，人民法院应予以支持。借贷双方约定的利率超过年利率36%，超过部分的利息约定无效。借款人请求出借人返还已支付的超过年利率36%部分的利息的，人民法院应予以支持。"因此，关于民间借贷的利率有以下几种情况：

（1）有无约定。

如果借条中，对借贷的利息并没有约定，那么出借人如果要求对方支付利息，人民法院不会给予支持。上面是针对自然人之间的借款，除此之外，如果利息约定不清的，出借人要求利息，人民法院可以根据交易方式与习惯以及市场一般利率等因素来共同确定利息。

（2）逾期利率。

如果借条中对借款发生逾期的利率有具体的约定，那么逾期利息可以按照规定执行，但是不能超过24%的年利率。如果不仅约定了逾期利率，还要求手续费和违约金等，只要所有的费用包括利息没有超过24%，人民法院会予以支持，超过24%的部分，不会支持。如果双方并没有约定逾期利率，有着不同情况：一是借款期和逾期利率都没有约定，那么如果出借人要求按6%支付逾期利息的，人民法院会支持；二是借款期利率有约定，逾期利率没有约定，那么可以按借款期利率来支付逾期利息的，人民法院也会支持。

（3）复利。

实践生活中，有人在借条里对利率的规定是采用复利的形式，也就是利息加入本金计算利息，无论是单利，还是复利，只要借款人在到期后支付的本息之和不超过以24%计算的利息之和就可以。

可以看出，36%和24%实际上设定了民间借贷利率的三个区间：

第一个区间：年利率＜24%。无论是单利，还是以复利方式，或者除了利率还有其他费用，只要利息加所有费用总和在这个区间内的民间借贷是受到法律保护的。

第二个区间：年利率＞36%。这个区间的民间借贷是不受司法保护的。

第三个区间：年利率24%—36%。这个区间属于自然债务，如果借款人愿意履行利率，人民法院不会反对，但是如果提起诉讼，这个区间的利息是不会受保护的。

由于民间借贷大多发生在关系好的亲戚朋友之间，很多人没有给予重视。一些无赖之徒正好钻了这个空子，采取赖账、久拖、回避的方式逃避债务。需注意的是，还款期限届满之日起3年，是法律规定的诉讼时效。在此期间，你必须向借款人主张债权，3年之后，法院对你的债权不予保护；如果没有写明还款日期，适用最长诉讼时效20年。

二、典当

典当在新华字典里的意思是"以物抵押换钱"，在我国最早见诸文字记载的是《后汉书·刘虞传》——"虞所赉赏，典当胡夷，瓒数抄夺之"。它表明，典当在中国已有1800多年的历史。1987年12月，"成都市华茂典当服务商行"在成都正式挂牌营业，成为中华人民共和国成立后中国内地的第一家典当行。

通俗地说，典当就是以你拥有的资产作质押或抵押，典当行根据典当的财物的价值，"借"给你相应数额的钱，在约定期限内你将支付当金利息以及相应的服务费用并且偿还本金，典当行将当物交还于你。这实际上是一种以物换钱、有偿有期的借贷融资方式。

1. 典当物

典当物有多种类别，一种是实物，比如黄金首饰、电脑手机等、实物的抵押，通过交付即可完成；还有一种是财产权利的质押，比如房地产抵押、机动车质押，典当行和当户要先到相关部门办理抵押或者质押登记手续完毕后，才能实施典当行为。一旦将当物交付于典当行，典当行在当期内是不得出租、抵押、质押和使用当物的。

2. 当票

当把财物抵押给典当行，典当行会与客户之间签订一个书面凭证——也就是当票，这其实就是一份借贷合同，也是典当行向客户支付当金的付款凭证。一般而言，当票上会写明以下事项：客户的相关信息、当物名称、数量、质量以及估价金额、当金金额等要素。当票应当妥善保管，并且不能转让、出借或质押给第三方。如果不小心丢失当票，当户应当及时办理挂失手续，否则被别人捡到并且赎回当物，典当行是没有过错的，不会负责赔偿责任。

3. 典当的费用和期限

典当是一种短期融资行为，虽然典当时间的长短可以由典当双方自由确定，但最长不得超过 6 个月。如果到期后，双方同意续当，期限最长也是 6 个月。也就是说，无论初次典当，还是续当，一次的期限就是 6 个月。

典当费用 = 典当当金利息 + 综合费用

当金利息，按中国人民银行公布的 6 个月基准贷款利率以及具体典当期限进行折算。典当的综合费用针对不同的财物类别，有不同的最高限制，见表 5 - 4。

表 5 - 4　　　　　　　　　典当的月综合费率

项目	典当月综合费率
动产质押	≤当金的 42‰
房地产抵押	≤当金的 27‰
财产权利质押	≤当金的 24‰

注：综合费率一般按日收取，不足 5 日，按 5 日收取。

4. 典当物品不能赎回时的处理

典当到期 5 日内，当户应当赎回当物或者续当。如果超过 5 日，当户资金困难无法偿还融资，既不赎回当物也不断续下一个档期的，称为绝当，那么所抵押的物品就将由典当行进行处理。按金额分为两种情况：第一种，价值 3 万元以上，可以进行拍卖或者按《担保法》有关规定处理。如果典当物品是上市公司股份，则典当行不能进行公开拍卖、自行变卖或折价处理。第二种，价值 3 万元以下，典当行可以自行处理或者变卖。

典当，是个人以质押或抵押的方式从典当行获得资金的一种快速、便捷的融资，与作为主流融资渠道的银行贷款相比，其最大的特点就是灵活和快捷。首先，可以典当的物品选择很多。物品只要具有一定的价值并且被典当行认可，都可以进行典当，比如金银首饰、古董珠宝、家用电器、房屋车辆、有价证券等。其次，期限灵活。典当的期限可以以 6 个月为周期，在典当期限内，只要典当行和当户双方同意，也可以提前赎回当物。最后，手续快捷。如果在银行申请贷款，手续比较繁杂、提供的资料多、周期长，典当贷款的手续则十分简便，大多数即时可取。即使是不动产抵押，也比银行要便捷很多。典当满足个人短期融资需求，更有"江湖救急"的特点。

三、信用卡短期融资

通过信用卡透支取现，成本虽然高，但门槛很低。使用信用卡来满足流动性需求的特点是快捷方便，但会受到额度限制，而且使用期限比较短，一旦不能准时还款，将对个人信用产生很大影响。在进行刷卡消费时，需要了解与信用卡有关的四个日期：交易日、交易入账日、账单日和还款日。

信用卡交易日是指持卡人实际刷卡消费的日期。实际刷卡和计入信用卡账单的日期并不一致，信用卡消费结算需要一定的时间，从一笔交易实际刷卡消费的时间到真正记入账上的时间会有一定的延迟，通常当日消费，次日记账。信用卡交易入账日是一笔交易通过银行结算最终记入持卡人账户的日期，通常为消费日的次日。比如某位信用卡的持卡人于 9 月 1 日在酒店刷卡消费 1000 元；那么，9 月 1 日就是信用卡交易日，但是这笔交易不一定会在当天入账，银行实际将这笔交易记录在你账户的时间才是入账日，大部分商户是交易的第二天向银行结算的，因此入账日一般会延迟 1 天。

信用卡账单日是指银行每个月对信用卡账户内当期发生的各项交易和费用等进行结算、计息的日期。简单地说，银行在这一天告诉你一个月以来你的信用卡消费金额和消费的明细。

信用卡到期还款日是指发卡行要求持卡人归还应付款项的最后日期。还款日一般在账单日后，也就是说发卡银行出了账单之后，你应该在到期还款日之前把账单记录的各项费用全部还清。到期还款日这个日子很关键，它是免息还款期限的最后一天，也就是说，在这之前还款都免息，逾期就要加收利息和滞纳金了。

举个例子来说明一下。假设你手上有一张信用卡，每月 18 日是账单日，次月 6 日是还款日。如果你于 3 月 17 日在某超市刷卡，18 日银行出账单，最晚 4 月 6 日就应该还款了。中间的免息期大约仅有 20 天。如果你是在 3 月 19 日刷卡，账单要到下一个账单日也就是 4 月 18 日才出，在下个还款日 5 月 6 日之前还掉就可以了，中间的免息期可长达 50 天。

所以，要想利用最大限度地利用免息期，可以得出以下结论：第一，账单日当天刷卡最不划算，免息期最短，只有约 20 天；第二，账单日后一天刷卡最划算，免息期最长，可长达约 50 天。

不同银行的信用卡账单日不一样，免息期也不尽相同。有的银行免息期是 25—56 天，有的则是 20—50 天。

若还款日未能及时还款，信用卡对于未还款部分计算罚息的方式分为两种：未清偿部分计罚息和全额罚息。全额罚息是指还款日后，因为未足额还清账单金额，无论还了多少，银行均要按持卡人当期账单总额计算罚息。未清偿部分计息，是指持卡人虽没有还清全部账单金额但是只要还款了部分，这部分是可以得到免息的待遇的，银行仅仅对没有偿还的账单余额部分计算利息。

举个例子来说明一下。张小小在 6 月 6 日消费 10000 元，账单日为 7 月 5 日，还款日为 7 月 25 日，罚息为日利率 0.05%。假设在 7 月 25 日还了 9999 元。6 月 6 日至 7 月 25 日，期间一共 50 天，那么两种方式的利息计算如下：

全额罚息 $= 10000 \times 50 \times 0.05\% = 250$（元）

未清偿部分罚息 $= 1 \times 50 \times 0.05\% = 0.025$（元）

从上面的计算可以看出，仅少还款一元，两种方式计算出来的利息相差太大。

2013 年中国银行业协会下发了《中国银行卡行业

自律公约》，要求银行为持卡人提供容时容差服务。容时服务——"宽容时间"，是指为信用卡的持卡人提供一定时间（至少3天）的还款宽限服务，也就是说，持卡人在还款日没有还款，但是在宽限期内（至少3天）足额还款，还是应当视同其按时还款，不得收纳罚息。容差服务——"宽容差额"，是指信用卡的持卡人虽然没有在还款日足额还款，但是没有归还的部分金额很少（少于10元），也应当视同其全额还款，毕竟这么少未还金额，有可能是持卡人没有注意或者粗心造成的，也不会对其未还金额收取罚息。然而具体容差容时服务中时间界限和还款最低金额是多少，具体规定需要询问你的发卡银行，不同银行会有些许差异。

我们收到账单时还会发现，账单上除了本期应还款金额，还有一个最低还款额，当然每家银行的计算是不同的。如果到还款日，你选择最低还款额，虽然不影响信用，但这个就意味着，你当期账单上所有款项就不能再享有免息还款待遇了。当期账单全额计息，也有少部分银行是对未还部分计息，利率为每天万分之五，透支利息按月计收复利，也就是利滚利。这个数额短期内不会产生太大的利息，但如果时间很长、数额很大，利息也是很惊人的。所以，信用卡一直采用最低还款额还款是不可取的，利息比你想象的要多很多。

　　简而言之，在还款日前，持卡人偿还账单全额，则是正常还款，不产生利息；在还款日前，持卡人偿还了最低还款额，或者偿还金额大于最低还款额但未达到欠款全额，那银行会征收利息，但不会算作逾期；在还款日前，持卡人未偿还或偿还额度低于最低还款额，那就算逾期，不但产生利息滞纳金，还会影响征信，信用报告上将出现逾期记录。

　　如果到了还款日，无法全额还款，还有没有其他选择呢？当然有，可以选择分期还款。银行的分期还款是当你没有能力一次性偿还信用卡透支金额时，为了避免按照全部消费额度来罚息，而推出的分段还款业务，缓解你的还款压力。

　　向银行申请分期后，每月还款额 = 透支额/期数 + 分期手续费。本金虽然随着还款而逐月减少，但银行每期仍按全额本金来收取手续费。

　　如果资金宽裕，建议就不要用分期还款和最低还款，实在还不上二选其一的话，分期还款肯定要比最低还款划算些。但也提醒大家，很多银行分期还款宣称免利息，虽然免利息，但并不等于免手续费。

　　总的来说，利用信用卡进行短期融资有以下方式：

　　一是在持卡消费之后全额还款，不会收取任何利息和费用，如果超过了银行规定的最后还款日，要收取日利率0.05%的利息。

　　二是正常消费，但在还款日没有足够的金额还款，可以选择最低还款，一般为 5%—10%。选择最低还款的话，对信用没有任何损失，但是如果最低还款都还不上，就会很大程度上影响征信，以后买房子贷款或者办理其他银行的信用卡就会有困难。信用卡最低还款额只要一经使用，持卡人就不再享受免息期的优惠，从消费日开始会被征收每天万分之五的利息。

三是透支取现，如果紧急需要现金，也可以通过信用卡透支取现，但是取现不享受免息待遇，要按取现金额的 1% 收取取现手续费，取现后按日利率万分之五计收利息，并按月收取复利。如果在最后还款日未全额还，也没按最低还款额还款，会收取滞纳金。目前取现分为持卡 ATM 取现和网上银行取现两种方式。ATM 可以直接提取现金，网上银行可以通过 APP 客户端和信用卡网上银行取现到储蓄卡。如果急用钱，最好是当天取现当天还款，这样就不会产生利息了。因为很多银行的计息日都是从入账日开始计算的，满 24 小时才计算一天的利息，如果当天还款就没有利息了。很多人以为可以取现多少主要看资金的账户余额，但实际上取现额度跟你的授信额度和信用卡可用余额毫不沾边，一般银行都有规定，取现额度通常不能超过授信额度的 50%、可用余额的 30%。不过有些高级卡片也可以达到授信额度的 80%、可用余额的 50%。

四是账单分期。信用卡账单分期是指持卡人在刷卡消费之后、到期还款日之前，通过电话或网络等方式向发卡银行提出将本期账单分期还款。虽然各家银行纷纷推出账单分期付款，但这并不意味着每一个持卡人都可以顺利地享用这个功能，银行还是会根据持卡过往信用卡的使用记录、信用额度等要素对其资信状况进行评估打分。如果评估通过或者分值在一定的数额之上，持卡人才能顺利进行分期付款，否则，银行会拒绝账单分期的申请，或者不给予持卡人想要的分期付款额度。账单分期的手续费一般会高于贷款利息。

总之，信用卡的使用给我们的融资带来了极大的方便，不需要抵押担保物，同时快捷迅速，但是除了在正常还款日全额还款，其他几种方式均会产生较高的成本费用。究竟选择哪一种方式，由成本与收益以及需求的紧急性、未来预期收入等多方面因素综合衡量。

四、其他流动性管理工具

1. 银行信用贷

除了上述的被动型流动性管理工具外，要满足家庭的流动性需求，多数人想到的是向银行借款。但是，传统的银行借款需要抵押物，而且时间长、手续繁多，现在很多银行开发了贷款的新产品，比如，建设银行的快贷、中国银行的中银 E 贷、工商银行的融 e 借、中信银行的信秒贷、光大银行的随心贷、浦发银行的浦银点贷和农业银行的网捷贷。这些贷款产品都有一个共同的特点，即客户可通过手机银行、网上银行、智慧柜员机进行自助办理，包括实时申请、批贷、签约、支用和还款，系统自动评分决定你的贷款额度，过程方便快捷，但是如果信用评分不高，可能从此种方式获得的贷款金额较小甚至没有。

2. 互联网信贷

除了传统的银行推出了网上的信用贷，一些电商平台也推出了各自的贷款融资服务。比如，支付宝推出的"借呗"服务，申请门槛是芝麻分在 600 分以上。按照分数的高低差别，用户可以申请的贷款额度从 1000 元—300000 元不等。借呗的还款最长期限为 12 个月，贷款日利率是 0.045%。网易小贷，是网易旗下专属公积金贷款产品，最高可贷 5 万元，最长可借 24 个月，0 利息，手续费最低为 0.73%。"微粒贷"是国内首家互联网银行——微众银行推出的纯线上小额信用循环消费贷款产品，对象为微信用户和手机 QQ 用户，采用的是用户邀请制，受邀用户可以在手机 QQ 的"QQ 钱包"内以及微信的"微信钱包"内看到"微粒贷"入口。"微粒贷"目前给予用户的授信额度为 500 元—30 万元之间，依据个人综合情况而异，单笔借款可借 500 元—4 万元。电商平台提供的网络借款服务都有以下共同特点：网络申请，便捷，无抵押，无担保，纯信用。由于不需面签，系统在审核时会根据相关情况评分，或者只对部分客户开放，因此不是任何人都可以从电商平台顺利借款的。

3. 存单质押

存单质押贷款是指借款人以未到期的定期存单作为质押物，从银行取得一定金额贷款的一种业务。选择存单质押贷款的客户一般是会在存单提前支取的利息损失和贷款利息成本之间做出权衡选择。如果存单质押贷款的合同到期，借款人不能够归还本金和利息，那么银行可以直接将存单兑现，也不会有损失。

存单质押贷款的贷款期限最长不超过一年或存单的到期日；存单质押贷款额度起点一般为5000元，每笔贷款不超过存单质押价值的90%，最高可达质押价值的95%；贷款利率按照中国人民银行规定的同期同档次贷款利率执行，可视借款人情况最多下浮10%。

4. 保单质押

保单质押贷款的对象是保险单，也就是按照保单的现金价值的一定比例获得资金的一种融资方式。保单质押根据贷款人的不同可以分为银行保单质押贷款和保险公司保单质押贷款。相比较而言，保险公司的保单质押贷款手续更加便捷，银行的手续要相对烦琐。在保单没有失效的情况下，即使进行了保单质押贷款的客户仍然可以继续享有保险合同约定的保险保障，并不是说保单进行了质押贷款，保单原有的保障功能就丧失了。保单质押贷款仅仅适合家庭的短期资金周

转，并不适用于股票期货等高风险投资，否则因为风
险投资失败不能归还贷款，将面临保单失效的风险。
不是任何保单都可以质押贷款，只有具有"现金价
值"的保单才可以进行质押贷款。比如，终身寿险、
养老保险、万能险以及分红保险等，这类保险的投保
时间越长，累积的现金价值越高，而一年期的意外险
和健康险的现金价值很低或者没有，所以此类保单不
能进行质押贷款。

第四节　家庭流动性平衡

一、家庭流动性的静态平衡

家庭资产流动性管理实质上是填补即时资金需求
与现金存量之间的缺口。如图 5-1 所示，如果即时性
的资金需求 > 现金存量，那么就会出现家庭流动性缺
口，需要家庭运用主动或被动型的流动性管理工具来
弥补此缺口；如果即时性的资金需求 = 现金存量，则
流动性匹配，不需要动用流动性管理工具；如果即时
性的资金需求 < 现金存量，则出现流动性盈余，可以
考虑减少现金配置，增加收益高的资产投入。

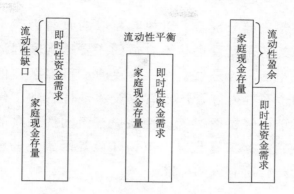

图 5 – 1　家庭流动性缺口

家庭流动性管理中最关注的是第一种情况，也就是当即时性的资金需求大于现金存量，出现流动性缺口时，如何弥补达到静态平衡的问题。

弥补流动性缺口，以达到流动性平衡，可以从以下两个方面进行：

一方面是压缩即时性的资金需求。能否压缩即时性的资金需求，取决于需求的性质——日常生活必需以及突发意外的开支是刚性支出，是不能压缩的，可以压缩的是日常生活中的非必需开支，比如奢侈品等。当然，压缩开支也是有一定限度的。

另一方面是增加现金存量。增加现金存量，可以考虑收益成本原则，通过主动型和被动型的流动性管理工具来实现。

由于即时性的资金需求不是恒定的，是不断变化的，因此要想完全"消灭"流动性缺口不太可能，而

且保留很大部分现金，以放弃相应的收益为代价的方
法，从经济角度看也是不合适的。要达到家庭流动性
的静态平衡，应是家庭保留一定的"可容忍"的流动
性缺口。只要做好资产配置以及流动性管理工具的选
择，就能够轻松面对流动性缺口。流动性工具的配置
和比例则根据家庭状况、市场环境等因素来调整，没
有一套适合所有人的标准。

二、家庭流动性的动态平衡

世界上的任何事物都有其自身的发展轨迹，从诞
生、发展、衰退到消亡，每一个阶段都有其各自的特
点。青年、中年和老年的收入和消费状况大相径庭，
每一个生命阶段，都有它的计划和目标，财务计划不
是一成不变的，流动性的管理也有所不同。

在漫长的一生中，人的消费是持续的线状，而收
入为点状，并且在人生的各个阶段，收入与支出并不
匹配。如图 5 - 2 所示，中青年阶段收入大于支出，老
年阶段支出大于收入。

从流动性管理的角度看，参加工作之前的流动性
缺口只能靠压缩即时需求或请求父母资助来弥补，而
参加工作之后的流动性缺口则需要根据不同阶段采取
不同的工具配置。一个人从出生到死亡，从财务生命
周期的视角看，大致可以分为五个阶段——单身期、
家庭与事业形成期、家庭与事业成熟期、退休前期，

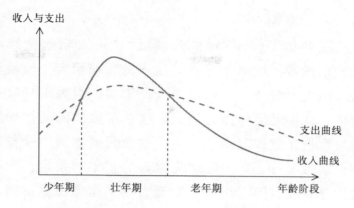

图5-2　人生各阶段收入支出曲线

退休期。在不同阶段，所需承担的责任不同，对生活的需求不同，人们承受失败风险的能力也不相同，应该根据具体情况采取不同的家庭流动性管理方式（见表5-5）。

表5-5　个人生命周期不同阶段的流动性管理重点

	承担的风险能力	家庭流动性缺口	即时性资金需求	家庭流动性管理
单身期	中至高	大	日常生活需求为主	努力控制家庭的消费需求，提高收入、增加积累
家庭与事业形成期	中	大	购置大件需求为主	充分准备流动性管理工具，兼顾安全稳健投资
家庭与事业成熟期	中	中	抚育赡养需求为主	充分持有流动性管理工具，合理安排家庭支出
退休前期	低至中	小	各种需求趋于平稳	持有一定流动性管理工具，构建长期的资金池
退休期	低	中至大	意外生病需求为主	提高流动性管理工具比例，安度晚年防止意外

1. 单身期

刚参加工作至结婚前，属于"一人吃饱全家不饿"的阶段。刚参加工作，收入低、花销大，流动性缺口较大，而且自身积累的资产不多，因为年轻没有负担，承担风险的能力较大。这个阶段的流动性管理应着重从压缩即时需求为主，避免过度消费，投资期间要量力而行，这一时期为财富的积累初始期，应努力找寻高收入的工作并积极努力地工作来积累初期的财富。

2. 家庭与事业形成期

家庭与事业形成期，是指结婚到子女出生前，即"二人世界"阶段。这一时期包括成家到没有孩子之前，人口增加，收入也相应地增加了，然而家庭负担和消费增长的压力都逐渐加大。这个阶段属于家庭财务建设期，通常有购置家庭大件商品的需求，比如家用电器、房屋以及家用车等，家庭流动性缺口增大。此阶段的家庭流动性管理，应准备充足的主动性的工具，来应付家庭建设需求。

此阶段由于家庭成员具有一定的风险承受力，可以兼顾安全稳健的原则，确保家庭消费支出的前提下，从事一些积极的投资。同时，因为年轻又有一定的经济实力，可以配置一部分保险，以规避不确定的风险可能给家庭带来的影响。

3. 家庭与事业成熟期

这段时期是指从子女出生到完成高等教育，是"上有老下有小"的阶段，收入与支出趋于稳定，但是家庭的负担和压力也越来越沉重。这一时期，可能房屋贷款还没有归还完，子女教育基金的投入以及赡养父母的负担在这个阶段也是比较繁重的。这一时期，家庭流动性管理的重点在于合理地安排和调配家庭支出，同时控制消费需求，量入而出。

4. 退休前期

退休前期，是指子女参加工作后至本人退休的这段时间，有可能晚婚晚育的部分人此阶段子女并没有参加工作。一般而言，这段时间，家庭收入和支出已经达到比较稳定的阶段，子女独立生活工作，家庭自身的资产不断增加扩张，生活压力减少。这个时期也是人生中财富积累的高峰时期，相对而言，也应当是家庭财务上比较轻松和自由的时期。

由于前期资产积累较多，所以流动性管理更加从容，不必刻意压缩需求，而应该构建长期资产池，为退休生活做好准备。

5. 退休期

这个阶段是退休开始直至离开世界的这段时间，也就是人生的末期。这个时期，一般人的收入来源比较单一，主要依靠退休工资和前期积累的资产收入，由于年纪大所带来的病痛也逐渐增多。随着家庭成员的身体衰老，家庭的承受风险的能力降低，这时安全且有固定收益的投资工具应作为投资理财的首选，同时应该保证充分的流动性，提高货币市场基金等流动性高的工具的比例，保证资产能够随时变现以应付可能因疾病带来的额外支出。

在不同的生命周期，家庭流动性缺口总是发生着变化。在不同的阶段，对于高风险的投资工具选择，我们可以借用《克劳谈投资策略》一书中提到的"KISS"原则，即"Keep it Simple，Stupid"的缩写，就是"简单傻瓜原则"，不需要深奥的公式和图线来决定风险投资的比例。

风险工具投放的资产百分比 = 人的平均寿命 – 投资者的年龄

假设人的平均寿命为 85 岁，如果你现在是 27 岁，那么你最多可以拿出总资产的 58%（85 – 27 = 58）去购买股票等风险比较高的投资。当然这个比例是个大概的估算，不必要非常精确，剩下来的资金应放入安全性强、流动性高的工具中。从这个公式中，我们也可以看到，随着年纪的增长，风险资金的投放比例会越来越低，这也是符合我们上面对生命周期流动性管理的讨论。因此，我们对家庭资产进行配置以及流动性缺口进行弥补时，应充分考虑家庭所处的不同生命周期阶段的特性，对资产和流动性管理进行动态地配置和均衡。

第五节　家庭流动性测评

　　每个家庭有着自己独特的财务状况，收入来源、负担人口以及需求层次不同，想找出一套完全适合所有家庭的统一测评标准不太现实，我们可以从以下两个视角来对家庭的流动性进行测评。

一、总体考量

　　家庭流动性测评中，首先应考虑家庭是否有足够的变现能力以应付紧急情况。生活之中不如意之事，十之八九，你是否为紧急状况准备了必要的现金，是否有足够的变现能力呢？比如，家庭支柱突然失业、家庭成员得重病等，这些情况并不会等你完全准备好了才来临，生活中总是有意外，你为这些意外准备好了资金吗？

　　我们可以用流动比率来判断自己的变现能力。

　　流动比率＝家庭流动性资产/家庭流动负债

　　流动负债是指短期内需要偿还的债务，比如信用卡借款等。尽管对于流动比率到底有多大没有固定的规定，但一定要大于1。如果小于1，意味着你的现金不足以偿付即将到期的债务，那么你就会动用其他非现金的资产，比如出售股票、基金，甚至住房等，或者向他人借款。同时要关注流动比率的走向，是上升还是下降，如果下降，你就得找出原因，必须明白是什么导致比率下降。

关于流动比率的一个问题是，常常有一定数量的月支出是不作为流动负债的。例如，属于支付长期债务的、支付的抵押款等，都不是流动负债，但依然是按月付款的。因此，可以采用另一个比率——月生活支出偿还比率。

月生活支出偿还比率＝现金和现金等价物／（年生活支出／12）

月生活支出偿还比率是以决定你是否有足够的变现能力来解决紧急情况为目的的比率。这个比率告诉你目前的货币资产可以支付多少个月的生活支出。

假设小王夫妇共有现金3000元，家庭的年总支出72000元，那么月平均生活支出为6000元（72000／12），那么月生活支出偿还比率为0.5个月（3000／6000）。

这意味着小王夫妇现有的现金和流动资产仅够支付半个月的支出。这显然是不够的，如果有意外情况发生，小王夫妇根本拿不出钱来应付，整个家庭的风险极其高。为应对紧急情况可能会不得已处理长期资产，这必然将减少其收益甚至导致亏损。一般根据经验，个人或家庭应有足够的流动资产来支付3—6个月的生活支出，也就是月生活支出偿还比率应为 3—6，那么现金资产应为 36000 元（6000×6），也就是小王夫妇最好持有 36000 元来应付紧急支出。针对以上分析，小王夫妇就应重新进行资产配置，减少其他金融资产和实物资产的占用，增加流动性的资金。有了应急资金作后盾，就不需要动用为长期目标而存的钱，也就是说不要把所有的钱放在长期投资中，必须保持一定的灵活性。大多数应急资金的报酬是非常少的，因为流动性和收益性是"鱼与熊掌不可兼得"，要保证应急资金的安全性和流动性，必须放弃预期的报酬。但总有一些人为了一些意外情况，迫不得已把投资的股票或房产低价出手，损失不少。不要被"投资热潮"冲昏了头脑，家庭资产中必须保证一定的流动资金，除非你的人缘特别好，能随时借到你需要的钱。

二、个体评估

在家庭流动性测评过程中，应该考虑不同维度的影响。

1. 时间维度

在流动性测评中，有一个非常重要的维度——时间，一天、一周、一个月的流动性的需求是不一样的。一般而言，时间周期越短，流动性需求越迫切；时间周期越长，越有可能找到资金周转来弥补这种流动性缺口。我们更应该关注短期流动性缺口的长期存在。

如果存在此类情况，应该考虑究竟是收入与支出时间的不匹配所导致的结构化差异，还是"寅吃卯粮"的消费模式或者激进的投资需求所致。如果是前者，则这种短期性的流动性缺口并不是很大的问题，然而如果是后者，则应检讨和考虑是否应该修正家庭的消费投资习惯。

2. 目的维度

流动性需求的满足有不同级别，如图 5 – 3 所示。第一个层次是最基本的需要，也就是日常生活开支的需求，家庭应根据家庭收入和支出的时间、结余率来决定这部分流动性资金的比例。第二层次是为了应付意外的准备，比如家人忽然生重病，或者失业，防止意外发生时无须动用流动性弱的资产。一般来说，保留 3—6 个月的生活支出以防止意外情况，这样有个缓冲期来调整自身家庭的资产形式。第三层次是流动性管理的最高层次，就是为了把握可能的投资机会。现代社会每个人都面临着各种投资机会，保持资产一定的流动性，可以让投资者更灵活地配置资金，有利于随时把握各种理财机会和节奏。

而不同的流动性需求层次，所需要流动资金的数量以及紧迫程度是不一样的。第一层次和第二层次的需求是刚性的，这两个部分的流动性需求缺口的存在，不能靠压缩现金需求来满足，只能运用前文所述的主动型和被动型的流动性管理工具来增加现金，满足日

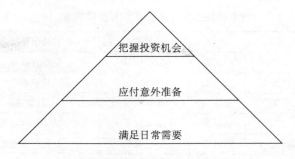

图 5 - 3　流动性需求的层次

常和意外的流动性需求。第三层次因投资需求而导致
的流动性缺口是柔性的，这部分流动性缺口的存在，
可以通过放弃投资机会来弥补。流动性管理中，我们
更应该关注前面两个层次的缺口的存在，刚性缺口的
存在会影响我们的基本生存质量，增加生活动荡的可
能，而柔性缺口的存在仅仅影响的是可能"更上一层
楼"的生活品质。

　　3. 成本维度

　　流动性管理的本质，是根据出现的流动性缺口来
进行工具的选择。流动性测评过程中，应考虑缺口弥
补过程中各种可能出现的成本。主动型流动性管理工
具考虑的是机会成本，也就是持有主动型工具而放弃
其他高收益投资。被动型管理工具则要考虑实际的成
本，而且获得的数量支持也不一样（见表 5 - 6）。

表 5 - 6   流动性管理工具的成本与受限额度

流动性管理工具	类型	成本	受限额度
银行存款	主动型	机会成本	持有总额
货币市场基金	主动型	机会成本	持有总额
民间借贷	被动型	实际成本	个人的信用程度
典当	被动型	实际成本	典当物品的价值
信用卡	被动型	实际成本	信用卡的额度
银行信用贷	被动型	实际成本	个人信用评分等级
互联网信用贷	被动型	实际成本	个人信用评分等级
保单质押	被动型	实际成本	保单价值
存单质押	被动型	实际成本	存单价值

在进行流动性缺口弥补时，首先应考虑主动型的流动性管理工具，而面临多种被动型工具选择时，应考虑时间快、成本低的那一种。

第六章

家庭财富的风险管理

　　家庭管理会计的对象是家庭财富，家庭财富的风险管理是家庭管理会计的重要内容和目的之一。风险的另一面意味着收益，家庭财富的风险管理本质上是寻求家庭收益或价值的最大化。家庭财富管理的底线是追求法律法规的遵循性以及资产的安全性，高限是追求财富管理的效率和效果，用管理会计工具和方法实现家庭价值最大化。微观上应防止上当受骗，特别是高科技平台的骗局，防范乌龙事件的发生。本章从家庭财富的风险、家庭财富避险工具、家庭财富避险计划三个方面阐述家庭财富风险管理的原则和方法，从而帮助家庭更好地进行财富的风险和收益管理。

第一节　家庭财富面临的风险

　　家庭本身处在瞬息万变的社会中，社会的不稳定会带来家庭财富的不稳定。而且，家庭作为社会中的一个基本单位，自身也存在着各种不稳定因素。

一、家庭内部风险

　　家庭内部风险是指家庭内部的因素导致家庭财富的不稳定性，主要来源于人身和财务两个方面。

　　1. 人身风险

　　家庭财富是由每一个家庭成员创造的，那么家庭财富最大的风险便是家庭成员的人身风险。人身风险分为生命风险和健康风险两个部分。对于家庭而言这两部分相互依存，并且都会给家庭带来重创。人身风险存在于生活的方方面面，影响最为广泛，后果最为严重。例如，现代人越来越亚健康的生活方式，自然灾害和意外灾害的频繁发生，对我们的人身安全形成了一种极大的威胁。根据国家统计局的数据，每年全国死亡人口大约 890 万人。其中，中国每年非正常死亡人数超过 320 万人。这意味着，每 3 个死亡人口中约有一个非正常死亡。正如一句俗语说的："你永远不知道，意外和明天哪个先来。"城市白领们工作体面，外表光鲜，但身体的健康状况不容乐观，由于不良的办公行为习惯和不健康的生活习惯而导致的健康风险更是愈发凸显，这让他们中的很多人年纪轻轻就成为患上各种慢性病的主要人群之一。

2. 财务风险

（1）失业风险。

家庭财务风险最主要的是指财务不持续、断流的风险，比如失业风险。就目前的就业环境而言，世界经济萧条，中国经济疲软，面对我国人口基数大、岗位有限的现状，失业的风险不容小觑。据统计局调查显示，在 2018 年，我国的失业率为 5.1%，就业形势不容乐观。而针对微观家庭而言，主要劳动力一旦失业，则可能导致流动性危机、信用危机甚至是生存危机等诸多问题，所以就更加要求家庭做好充分的准备来应对失业风险。

（2）养老风险。

随着中国的老龄化程度不断上升，中国特有的"4+2+1"人口结构也使得养老风险成为每个家庭日益残酷的挑战。当家庭成员退休时会失去高工资收入，退休工资往往只能保障基本生活需求。到了老年时期，体弱多病，医疗健康方面的支出大大增加。如果想要维持一定的生活水平并可以应对家庭生活中的一些突发状况，需要在退休前尽可能提高财富自由度，并有一定的风险储备。但对于目前大部分的中国老年人而言，由于在年轻时并没有进行良好的养老规划，以至于退休之后生活得不到保障，这使一个家庭面临很大风险。

（3）投资策略风险。

对于每一个家庭来说，家庭财产的保值增值都是重中之重，因而追求资产的高回报也成为家庭财富的目标。但是，高收益往往意味着高风险，投资策略风险很多时候对家庭财富的打击是毁灭性的。

"你看重的是利息，而对方看中的却是你的本金"，这句话很好地揭示了追求高收益带来的风险，其中一个典型的例子就是 P2P 理财。所谓 P2P 理财，是通过互联网将个人和个人连接起来，将资金的供给者和需求者直接联系起来实现资金借贷需求的直接融资形式。P2P 平台只是一个信息中介。但是在现实生活中，由于大家无法验证平台的真假和平台具体的借款人的情况，有些平台直接伪造借款人信息取得投资者的资金，因而出现了很多平台最后无法兑付投资者本金及收益的情况，我们称为"暴雷"。尤其在 2018年，自唐小僧平台暴雷以后，暴雷潮如多米诺骨牌一样蔓延开来，致使许多家庭的财富蒙受巨大损失。P2P 理财刚拉开序幕的时候，它的收益率奇高，有的甚至达到 20%，高利率让许多人为之冒险，即使知道它本身的风险和不确定性，依然有人为它赴汤蹈火，甚至有人借款去购买 P2P 理财产品，这种不理智的行为也直接导致了恶果。前期，平台的推广吸引源源不断的新进投资者为其补充"新鲜血液"，兑付不成问题，但是一旦有任何风吹草动，大家都想拿回本金的时候，"庞氏骗局"被戳破，暴雷出现。

当然，依然有很多正规的 P2P 理财机构坚持作为信息中介的"初心"，这就需要我们擦亮眼睛，努力甄别风险，选择正规的平台，尽量避免投资策略风险。

（4）税务风险。

家庭的税务风险来源于税收制度的变化所带来的风险和纳税不遵从带来的风险两个方面。

①税收制度变化带来的风险。当前，我国减税降费政策实施的规模越来越大，力度越来越强，2019 年上半年全国税收收入累计增速与去年同期相比回落了 13.5 个百分点。与此同时，财政支出在脱贫攻坚、"三农"问题、科技创新、生态环保、民生等领域的支持力度加大。在财政收入减少与财政支出增加之间的矛盾加剧的大背景下，当我国政府管理系统达到充分信息化、社会各项矛盾得到较好平衡、房地产税或遗产税的其他开征条件成熟时，就有可能开征这两种直接税。这两种直接税的开征，会直接减少家庭的财富，对拥有多套房产和大量家庭财富的家庭会是不小的冲击。

②纳税不遵从带来的风险。有些家庭通过合理的

财税方法可以达到避税的效果。但是，不合理的避税可能造成违法，使家庭面临行政或法律处罚的风险，包括：经济责任，比如补税滞纳金、缴纳罚款（偷税数额不满 1 万元或偷税数额占应纳税额不到 10%，税务机关追缴偷税款并处偷税额 5 倍以下罚款）；行政责任，如被吊销营业执照，财产被保全或强制执行等；刑事责任，如偷税数额占应纳税额 10% 以上并且偷税数额在 1 万元以上，或因偷税被税务机关给予 2 次行政处罚又偷税的，处 3 年以下有期徒刑或拘役，并处偷税数额 1 倍以上 5 倍以下罚款；偷税数额占应纳税额 30% 以上并且偷税数额在 10 万元以上，处 3 年以上 7 年以下有期徒刑，并处偷税数额 1 倍以上 5 倍以下罚金。[①] 2018 年，范冰冰被查偷逃税款，有关部门对她及其工作室处以滞纳金罚款共计约 8.83 亿元人民币的案例值得每个家庭引以为戒。

（5）教育风险。

这里的教育风险指家庭成员不接受教育，无法创造家庭财富甚至无法继承和保值家族财富，导致财富流失的风险。家庭成员不接受教育会导致理论知识储备不足而无法胜任工作岗位，无法为家庭创造财富。所谓的"富二代"们，在面对父母留下的家庭存量财富时，常会因为没有接受充分的教育而没有能力或

---

① 参见《刑法》第 201 条。

"德力"（良好的道德品质）来管理好自己家庭的财富。

（6）责任风险。

责任风险就是家庭或者家庭成员侵犯他人权益依法承担的赔偿责任，一般都是基于法律的规定而产生的。家庭面临的责任风险分为侵权责任和违约责任两大类。侵权责任风险一般指的是家庭成员违反了法律规定侵犯了他人权益，因此需要赔偿的风险。如家庭成员因不当驾驶而出了事故，侵犯了对方的生命健康权甚至生命权所面临的赔偿。侵权责任的赔偿数额有大有小，有些会给家庭带来沉重的负担。违约责任风险指的是家庭成员未履行约定而给对方造成损失应该承担的赔偿责任，这个一般不涉及刑事责任。例如家庭成员无法偿还银行贷款，被银行诉诸法庭而应该承担的赔偿责任。对这类风险进行防范，不仅有利于我们提高个人的信用等级，还可以避免不必要的违约赔偿。

二、家庭外部风险

家庭处于社会之中，从广义上来说家庭财富是一种有明确所有权的社会财富，这样社会财富就不得不受到社会风险的影响。社会经济存在高峰低谷，那么存在其中的家庭财富必然具有不确定性，这些社会风险主要包括政治风险、自然风险、政策风险和通货膨胀风险。

1. 政治风险

政治风险是指家庭所在国的政治环境或所在国与其他国家之间政治关系发生改变而给家庭财富带来的不确定性。政治风险在家庭财富方面的表现形式就是家庭财富损失。安宁法制的政治社会是家庭财富稳定最基础的条件之一。政治风险会导致社会的动荡和不稳定。动荡会使社会大机器无法正常运转，家庭成员在社会中无法实现自我价值并创造财富。不稳定会使家庭现有财富得不到保障，合法合理的家庭财富也会面临巨大风险。

2019 年在香港发生的暴乱事件，使得警员受伤、大楼损毁、交通瘫痪，给香港的金融、交通、旅游和民生造成了巨大的难以挽回的损失，无数香港家庭的财富也因此受到了毁灭性的打击。香港作为中国的一颗璀璨明珠，此事件使得明珠蒙尘，很多市民无法正常工作，失去了经济来源；部分香港市民人身安全受到了威胁，家庭稳定受到破坏；金融、实体经济损失，家庭原有财富受到侵蚀。

2. 自然风险

自然风险指的是因自然力的不规则变化产生的现象或活动所导致的危害经济、影响物质生产、生命安全的风险。自然风险可分为生命风险和物质风险两部分。生命风险主要针对家庭成员的人身风险，物质风险主要针对家庭财富损失风险，对于家庭而言这两部分都至关重要，并且都会给家庭带来重创。

地震、火山喷发、洪涝、海啸等意外灾害对我们的家庭财富形成了一种极大的威胁。我国自古以来就是自然灾害频发的国家。我国幅员辽阔，生态多样，几乎囊括了除火山喷发以外所有类型的自然灾害。在近些年发生的一般灾害中，我国仅水旱灾害的损失就要占到 GDP 总量的 3% 左右，占财政收入的比例常高达 20%—30%。对于家庭财富来说，自然灾害对于特定家庭的生活消费品、房地产、贵金属、外汇现钞、粮食等财富则会带来从有到无的毁灭。

3. 政策风险

政策风险是指政府有关市场的政策发生重大变化从而引起市场的波动，进而影响家庭财富的风险。政府的政策是为决定人们的相互关系而人为设立的一些约定，是社会的游戏规则，一切家庭经济行为都在各项社会政策的框架下进行，家庭财富也必然广受政策约束。

政策风险对家庭财富的影响途径主要有利率风险、汇率风险和社会保障制度风险。

利率风险主要通过影响风险资产的价格来影响家庭财富。利率的波动主要是由货币政策的变动引起的。利率从本质上来说是货币的价格，货币供大于求会导致利率下降，反之利率则会上升。同时，市场利率也

是以中国人民银行的基准利率为基础。因此，利率会
影响家庭财富中股票、房产、外汇、黄金等贵金属的
价格。

汇率风险在家庭财富中的风险主要是外汇资产价
格变动所致的风险。目前我国实行的是有管理的浮动
汇率制度，因此，随着经济全球化、人民币汇率改革
的不断深入，人民币汇率会受到国际收支、货币政策、
利率、国际资本流动以及某些国际重大事件等众多因
素影响，使得家庭的外汇财富价值伴随汇率不断波动。

社会保障制度风险主要表现为社保制度的变化。
我国社会保障制度改革呈现分阶段、城乡分离的特点，
现在已经在城镇建立了城镇职工社会保险制度。在农
村，社会保险经历了一个从无到有的过程。社会保障
制度不仅影响家庭成员的社会福利、就业选择、消费
欲望，同时，也极大地影响家庭财富配置的决策。社
保制度的不完善不但加剧了医疗支出的不确定性，也
加剧了养老支出的不确定性。不确定性越大，家庭越
倾向于当前储蓄而减少未来消费。家庭会相应减少投
资资产的持有，即影响保值品和投资品的持有。

4. 通货膨胀风险

通货膨胀是指一段时间内物价持续而普遍地上涨
的现象，这种情况只有在信用货币（纸币）流通的条
件下产生，一般是由纸币发行量过大、超过了货币需
求而产生的。通货膨胀导致货币贬值，进而可以影响

以货币表示的各类资产价格，这已经成为经济金融学界的共识。消费者价格指数是衡量通货膨胀率的一个主要参考指标。纵观 20 多年来，中国的消费者价格指数（CPI）一般稳定在 3%—10%，即相应地，等量货币每年以相应速度贬值。

通货膨胀风险主要是通过影响财富的实际收益率形成的。我们假设实际收益率为 r，资产的名义收益率为 r_1，资产增值率为 e，通货膨胀率为 π。

$$r = r_1 + e - \pi$$

但是，通货膨胀对不同种类的家庭财富的影响是完全不同的。首先，对于家庭消费品和避灾品，通胀的影响是最小的。显然，因为其名义收益率较小，可以忽略不计，所以对实际收益率的影响也可以忽略。其次是增值品，因为资产的增值率总是和通胀率息息相关，高通胀率必然伴随着增值品的增值，即 e 随着 π 的增加而增加，所以增值品受通货膨胀影响较小。最后，通货膨胀应该是保值品面临的最大风险。因为保值品的资产增值率很小，所以，保值品的实际收益率是随着通胀的增加而不断减小。

对于每个家庭来说，对冲通货膨胀风险，增加家庭财富的增值保值能力，是家庭财富配置需要考虑的一个重要因素。

第二节　避险工具

家庭的内外部风险对每个家庭来说都是不可避免的。在此条件下，如何将家庭财富的风险控制在一个合理的范围内就显得尤为重要。本节提出的避险工具旨在保护家庭财富的稳定，减少不确定性的波动。本节研究了家庭财富主要避险工具的构成及特点，以期为合理的财富配置提供参考。

一、贵金属

贵金属因为其价值的稳定性而具有避险作用。从古至今，它因具有稀缺性，其价值得到广泛认可，其中最具代表性的便是黄金。但是在实际的家庭财富避险操作中，大块黄金和小块黄金（首饰）因为变现的容易程度不同而具有不同的特性。

1. 黄金

从原始社会进入文明时代，纵使物质环境、意识形态不断发生变化，社会生产力不断提高，财富出现过很多不同的象征，但历史的长河证明，这些财富表征都因历史演变、文明进阶而不再保有当初的价值，唯有黄金是经过人类历史大浪淘沙而拣选出的财富永恒的承载体。

　　黄金的价值不因科技、政治、经济环境而改变，而是由历史和人类文明进程的客观主体决定的。按照马克思的价值决定价格理论，社会平均劳动时间决定价值理论，黄金的价格是以非常缓慢的速度提升的。黄金的总量是基本固定的，当前世界 70% 的黄金矿山已被开采，剩余黄金品位逐渐下降，所以，黄金的生产成本不是固定不变的。随着高品位矿石的不断减少，开采难度的不断加大，生产同样黄金需要投入的成本越来越大，因此黄金的供给成本是不可逆势上升的。从图 6 – 1 中可以看出，作为商品龙头的黄金在过去的 30 年中，涨幅远高于 CRB 指数，这也间接反映出黄金的保值功效。

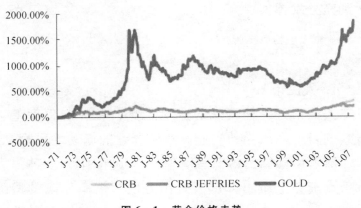

图 6 – 1　黄金价格走势

　　黄金块因为价值大、形态固定，因而具有贮藏的价值。大量的黄金块能够抵御家庭的内外部风险，较好地规避部分政治和政策风险，同时对于家族财富的传承具有非常重要的意义。现在很多银行都提供黄金的买入价和卖出价，可以买卖金条，为家庭财富保值提供便利。

2. 贵金属首饰

黄金具有保值功能，但金条不易分割与交换，只能放在保险柜里，古人云"金子不用不如铁"，其使用价值大打折扣，而且黄金量大时危险性较高。而贵金属首饰与金条相比，最大的优势是体积比较小，方便流通，易于交换变现，在遇到灾难时可以用于交换粮食或一些生活必需品。因此，将贵金属首饰作为一种独立的避险工具是一个极佳的选择。当生活灾难、社会发生动荡的时候，首饰作为避险工具的作用就会得到充分发挥。

二、货币

1. 人民币

人民币是一种特殊的避险工具，在一定程度上可有效规避汇率风险和失业、意外导致的流动性风险。

随着中国国力的日渐昌盛，人民币作为一种强力货币逐渐登上历史舞台，其作为规避汇率风险的避险工具作用日益突出。2016 年 10 月 1 日起，人民币正式加入 SDR 货币篮子，不仅标志着人民币进入国际视野，也极大地增强了人民币抵御汇率风险的作用。目前人民币在国际市场上已经占有一席之地，成为全球第二大贸易融资货币、第四大支付货币、第六大外汇交易货币，成为主要的结算货币之一。对一个跨境贸易企业而言，如果本来用美金结算，那么必然要将人民币换成美金或美金换成人民币从而面临汇率风险，而人民币成为结算货币能够有效规避此种风险。对一个家庭而言，人民币具有极强的流动性，是抵御家庭内部风险的中流砥柱。人身、财务风险都直接依赖于人民币，人民币可以直接使用以应付各种意外事故，如伤病、失业等不可预见的开支。

2. 外汇

外汇投资在全球经济一体化的大背景下，是规避金融风险、对抗通货膨胀的重要工具，也是实现资产增值、优化资产结构和实现资产多元化配置的主要工具。外汇主要是指以外币表示的有价证券，包括外国货币（现钞、硬币）、外币存款、外币有价证券和外币支付凭证等。发达国家的货币，一般较容易为本国和外国民众所接受，在国际结算中具有突出地位，甚至是进入各国外汇储备，成为"强货币"。图 6 - 2 是全球主要储备货币占比，显然，美元是大家公认的强货币。

从 1894 年至今，美国稳坐"世界经济体第一""超级强国"的宝座。美国的衰落是会有一个过程的，可以预见，美元在近 10 年内还是坚挺的，是一个较好

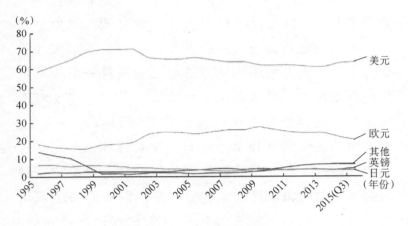

图 6-2　全球主要储备货币占比

的外汇避险工具。

三、房产

　　现如今的高房价下，房地产是很多家庭财富的大头。毋庸置疑，房地产已成为家庭财富最重要的资产。从全国来看，2017 年房产净值占家庭财富的 66.35%。房地产投资金额大、期限长，投资风险和收益与经济周期、国家政策密切相关，但总体来说投资报酬较为适中，可以认为是应对通货膨胀风险较为理想的避险工具。但房产投资的缺点也是显而易见的，即其流动性较差，房地产的变现不仅耗时长，甚至有时候受限于国家政策而难以变现。

　　20 多年来，由于以下三点原因，我国房价一直处于上涨的趋势：第一，随着城市的进步、经济的发展，人口不断涌入城市，商品房的需求增加，导致房价升高；第二，高房价最直观的受益人是开发商，其次是金融机构、政府相关部门，涉及众多的利益链，可谓"牵一发而动全身"；第三，房价作为人民币的锚之一，暴跌甚至崩盘的可能性是较低的。此外，房地产也是一种生息资产，它可以通过出租来获利。因此，房地产因其具有稳定的价值、较大的获利空间、较强的实用性而成为一种重要的避险工具。

四、保险

保险是一种公认的避险工具，它可以极大地规避家庭内部风险，同时也在一定程度上可以规避外在风险。保险不仅能将外部不可预料的风险转嫁给保险公司，而且保险理财还可以规避通胀风险，是家庭财富管理必不可少的工具。

从经济角度来看，保险是一种损失分摊方法，能将外部不可预料的风险转嫁给保险公司。具体实现方式是由单位或个人缴纳一定数额的保费建立保险基金，来分担少数成员的损失。从法律角度来说，保险是一种合同行为，即通过签订保险合同，明确双方当事人的权利与义务，被保险人以缴纳保费的义务来获取保险保障，保险人则有收取保费的权利和提供保险合同约定范围内的赔偿的义务。因为发生家庭内部风险的毕竟是少数家庭，因而可以用大多数投保家庭的钱补贴少部分发生投保风险的家庭，从而实现家庭内部风险转移的初衷。

近几年来，随着我国保险市场快速发展，保险产品不断创新，同时伴随着家庭财富的不断增长，保险不再单纯是风险保障的工具，还增加了投资理财的功能，保险业迈入了一个新的发展阶段。保险理财也是缓解通胀风险的有效形式之一。目前，我国保险理财产品主要以寿险保单的方式来体现，投资连结保险、万能型寿险和分红型保险三种。投资连结保险简称投连险，其保费由保障和投资两部分构成，既保障了风险又有专家负责投资理财以获取尽可能高的投资收益。万能型寿险是一种非常灵活的人寿保险，这种灵活表现在可以灵活支付保险费和灵活调整死亡保险金给付金额上。在支付了满足最低金额的首期保险费以后，投保人可以选择在任何时间支付任何金额的保险费。分红型保险是保险公司在会计年度结束后（一般是一年期），将上一会计年度该类分红保险的可分配盈余，按一定的比例，以多种方式，分配给投保人。分红保险设有最低保证利率，即保证投保人的基本保障。

五、粮食

"民以食为天"，生存需求是最基本的需要，粮食是人们生活的根本。遇到极端情况的时候，其他资产都不重要，"一筐萝卜换一套房子"的俗语充分说明在极端情况下粮食的重要性。

　　小到每个家庭，大到世界各国，粮食储备都是必不可少的。中华人民共和国成立后，我国逐步构建了粮食储备体系。但是就目前情况来说，我国每年的粮食产量是供不应求的，需要大量的国际进口粮食来补充，这就不可避免地导致我国的粮食供给要受到国际形势的影响。国际市场的波动、国际政治的动荡、国际贸易的摩擦都会影响我国的粮食进口，进而影响我国的粮食安全。这就要求完善我国的粮食供给政策、建立充足的粮食储备库、建立完善的粮食储备体系来满足我国的粮食安全，从而保证我国的国家安全。同样，因为很多家庭的粮食是完全依赖采买的，自身供给根本不能满足需求，所以，每个家庭储备一定的存粮以面对突发的各种社会风险也是十分必要的。

六、金融工具

　　金融工具指的是金融机构，比如银行、证券公司和信托公司等发行的，可以实现资产保值增值的各类金融产品。各种金融工具离不开金融机构的参与，我国是银行主导的金融体系，可以将金融机构分为银行和非银行。非银行金融体系最具代表性的便是信托和证券公司。

　　银行是家庭最主要的合作金融机构，不仅是因为银行机构和网点分布较多，可以提供多样化的理财产品和金融服务，更是因为银行有政府信誉做背书。众所周知，实施银行理财能实现财富的有效保值和增值。银行的理财产品流动性和收益率多样化，满足家庭财富需求的同时也能有效规避通胀风险。但是，需要注意的是，理财资金不是当然能够兑付的，未来暴雷会越来越多，所以从性质上不能把理财资金看成是比银行存款利息高的存款。

信托公司可以通过财富管理功能为家庭提供专业化的财富顾问服务，其中最值得一提的应该是家族信托。这种运作方式一般基于个人或家族的委托，代为管理家庭财产，来实现家族财富的增值与传承。在这样的模式之下，家庭选择把财产交给信托公司打理，这笔财产的所有权就从家庭转移到信托公司的手里。但是这笔财产的收益权依然属于该家庭，由家庭来获得并使用，实现了资产的所有权与收益权的分离。家族信托有其固有的优势，能够实现破产风险隔离功能以达到规避风险的目的。同时，不同于受益人法定的一般财富安排，家族信托在成立之初就可以灵活选择受益人包括遗嘱继承人。

证券公司也提供多样化的基金产品、股票和债券。证券公司不同于银行，一般来说，其产品都具有强流动性、高风险、高收益的特征。这些产品实现收益的来源有两个部分：一是产品定期派息，包括分红、利息和配股等；二是产品价值增长，对于这些产品来说，不同的时间点价格差异较大，若产品上涨，那带来的价差就是投资收益。一般来说，投资这些产品需要具有专业的知识和技能，有专业门槛，并且需要花时间与精力去实时了解市场行情、把握相关动态，对于多数的普通投资者而言并不适用。通俗地讲，不建议用大量家庭财富去炒作这些风险产品，这容易使家庭财富就被洗劫掉、被"收割"。

七、家庭教育

家庭成员的读书学习对于家风家运的传承至关重要。曾国藩曾说，官宦之家，一代便将福分享用完了；商贾之家，勤俭的则可将福分延至三四代；耕读之家，福分可以延至五六代。曾国藩给儿子写信说："凡人多望子孙为大官，余不愿为大官，但愿为读书明理之君子。"因为他知道"人不学，不知义"，就算家庭财富再多，也会因为愚昧无知而断送掉。所以，家庭成员不读书学习，必将会衰败。好的家风家运的传承会使家庭更加稳定，创造更多的家庭财富，不惧家庭的内外在风险。

从具体实践来说，教育对于家庭成员的就业有非常重要的影响，是失业风险的最强有力的避险工具。同时，教育对再就业也有明显的正向作用，是控制失业风险的良药。教育提高了个人的技能水平，因而教育能够促进个人就业，增加个人收入。2008 年美国金融危机的爆发，使得失业剧增，再就业也成为社会稳定的一个重难点。各国为了维护社会的稳定和长治久安，纷纷采取措施制定相应的技能培训和开发政策，促进可持续发展。教育日益被看作是 21 世纪的世界货币和通行证。

家庭教育是对家庭成员人力资本形成所投入的人力和物力的货币表现。毋庸置疑，不管是对自己的投资还是对子女的投资，教育是最好的投资品，也是极佳的避险工具。"知识改变命运"的信条千古不变，教育是影响家庭的社会地位以及家庭收入的重要因素。巴黎经济学院发布的 2018 年《世界不均等报告》，通过总结各国自 20 世纪 80 年代以来收入差距演变的历史经验发现，教育是导致发达国家和发展中国家收入差距扩大的主要原因。因此，增加教育投入、改革教育政策、促进受教育机会平等性是避免各国收入与贫富差距加剧的关键政策。家庭是社会的一个缩影，因此教育也是增加家庭收入的关键。如果量化来看，有许多学者做过关于教育报酬率的研究。白菊红（2003）在《农村教育投资私人报酬率测算》中研究表明教育投资内部报酬率（IRR）为：小学 11.4%，初中 13.7%，高中 12.8%。高兴民、高法文（2019）在《我国教育收益率城乡户籍差异变化研究》一文中用大量数据证明教育报酬率在 10% 左右，这个收益率远高于普通资产的投资收益率。

第三节 家庭财富避险计划

一、避险计划的设定原则

1. 平衡原则

平衡原则是指在财富配置中做好风险和收益的平衡，既不能简单分散化投资，获得社会平均报酬率，又不能重仓持有某一种资产，使家庭财富面临巨额风险。

家庭财富避险原则追求的是尽可能获得"确定性的收益"，尽量提高收益的确定性并降低风险。不同的避险工具有不同的特点，外汇虽然能抵御汇率风险，但是其波动非常大，可能获得大额收益，也可能会损失本金。2019 年以来，外汇波动比较大，美元不停升值，如果仅仅是看涨或者看跌美元，会面临较大的家庭财富波动，不符合平衡原则的本义。当然，不考虑外汇市场情况，均衡持有各种外币作为投资会比持有大量美元的风险低，但是这样就不能获得外汇市场的收益，同样不符合平衡原则。这就要求我们在家庭财富配置中达到收益性和风险性之间的平衡。

2. 预期原则

预期原则指的是家庭财富配置是基于对未来的合

理预期所做出的决策。预期管理是家庭财富管理的重要概念，重点在于对各类风险的合理预期以及各种避险资产的合理认知。当预期家庭财富内外部风险增加时，多配置家庭相应的避险资产；反之，则减少避险资产的配置。例如，预期家庭成员年龄增加，为了规避养老风险，可以适当多配置商业保险；预期国内宏观经济下行，可以增加对重金属和外汇的储备来抵御政策风险，同时增强教育投入来抵御失业风险等。

预期原则具有一定的前瞻性，由于信息不对称等问题不可避免地就会有一些超出预期的情况，这时就需要及时调整，使损失最小化。

3. 动态调整原则

动态调整原则是指家庭财富配置不是一成不变的，它要随着内外部情况的变化而不断调整。上文我们已经指出，家庭财富会随预期提前做出一些安排，但当某类未预期到的风险突然发生时，要尽快调整相应的家庭财富避险安排。

动态原则也要求我们关注家庭财富内外部的变化。内部主要有家庭成员的家庭身体情况、工作情况等，外部主要是社会政治经济形势。例如，当政治形势不稳定时，需要增加对贵金属和粮食的储备；当家庭成员失业时，需要增加对教育和货币的储备。

动态原则要贯穿家庭财富管理的全流程和全方位。全流程指的是从家庭财富管理方案的执行前设计、执行和执行后观测，全方位指的是不仅观察内部的家庭风险，同时也关注外部环境风险。这一原则可以使得家庭财富管理更具有弹性，更加能够适应诡谲多变的环境，从而变得更加稳定。

二、避险计划的影响因素

在设计家庭财富避险计划时，既要遵循平衡、预期和动态的原则，同时也要考虑到相关的影响因素。

1. 家庭周期

在家庭生命周期的形成期、成长期、成熟期、衰老期以及个人生命周期的单身期、家庭和事业形成期、家庭和事业成熟期、退休前期、退休期等各阶段，家庭的收入、支出、主要任务等各有不同，因此对于风险的承受能力各不相同，避险计划也要具体而定。

个人生命周期不同阶段的特征实际上反映了家庭的裂变过程。一个人在成长期和单身期都不构成家庭，而只构成父母所组建家庭的成员。若个人进入家庭与事业形成期，才算组建了新的家庭，此时原生家庭裂变为多个家庭。

根据裂变的特征可以将家庭分为三类：裂变前期家庭、裂变中期家庭以及裂变后期家庭。裂变前期即家中只有新婚夫妻的家庭；裂变中期指的是拥有孩子但孩子还未独立的家庭；裂变后期指的是家中小孩已经独立，建立了新家庭的家庭。处在不同周期的家庭应该具有自己独有的家庭避险资产组合。

　　首先，处在裂变前期的家庭应该注重财富的积累。这个阶段的特点是经济收入有所增加且生活稳定，面临结婚和生子，一般需要解决购房问题。财富配置重点应该放在家庭储蓄和合理安排家庭建设的支出方面。其次，处在裂变中期的家庭，这种家庭应该注重合理的分配。最后，处在裂变后期的家庭，应该注重风险的控制。

　　2. 宏观经济状况

　　避险计划应当与客观经济状况相匹配。根据经济学的基本理论，可以将宏观经济分为四个阶段：繁荣、衰退、萧条、复苏，这是一个基本的经济周期。

　　在宏观经济繁荣阶段，社会总产出很高，失业率很低，国民总收入很高，整个社会欣欣向荣。经历一段时间的繁荣过后，经济会出现衰退，产出减少，就业率降低，国民收入减少，这时就需要避险计划来规避家庭财富损失并为即将到来的萧条做好充分准备。在经济萧条时期，长时间的衰退导致需求严重不足，生产过剩，失业率居高不下，社会不稳定，需要运用多种避险工具。最后，政府会运用一系列手段刺激需求，经济会慢慢复苏，生产生活逐渐恢复。

　　3. 风险偏好程度

　　避险计划应当与不同家庭的风险偏好程度相关。风险偏好程度高的家庭，可以适当提高报酬率和风险水平；反之，则应该配置低风险资产，更加关注财富的避险安排。

风险偏好程度高的家庭，应当具有丰富的投资经验以及较高的对损失的接受程度。风险偏好程度一般的家庭，能够承担的风险水平较低，对收益也没有那么迫切，更加关注的是财富的保值增值。风险偏好程度低的家庭，他们主要追求的是财富的稳定安全，对财富的传承更加看重。

三、避险计划

1. 基于家庭周期的避险计划（见表 6 - 1）

表 6 - 1　　　　　　基于家庭周期的避险计划

	所属阶段特征	投资偏好	建议较少资产配置	建议一般资产配置	建议较多资产配置
裂变前期	只有新婚夫妻的家庭	可以承受较高的投资风险，但可用于投资的资金并不多	贵金属、粮食、房产	货币、金融产品	家庭教育、保险
裂变中期	孕育孩子、孩子并未独立的家庭	要注意控制投资风险，投资应注重平衡	粮食、货币	保险、贵金属	房产、金融产品、家庭教育
裂变后期	家中只剩两位老人的家庭	需逐步降低风险，风险承受能力逐渐减弱	金融产品、家庭教育、粮食	贵金属、房产	保险、货币

2. 基于宏观经济状况的避险计划（见表 6-2）

表 6-2   基于宏观经济状况的避险计划

经济周期	特征	对避险计划的关注	建议较少资产配置	建议一般资产配置	建议较多资产配置
繁荣	失业率低，总收入高	少	贵金属、货币、粮食、保险	家庭教育、房产	金融产品
衰退	就业率降低，总收入减少	较多	货币、金融产品	家庭教育、保险、粮食	房产、贵金属
萧条	需求不足，社会不稳定，失业率高，总收入低	多	金融产品	家庭教育、房产、货币、保险	粮食、贵金属
复苏	需求增加，就业率升高，总收入升高	少	粮食、金融产品	房产、保险	家庭教育、货币、贵金属

3. 基于风险偏好程度的避险计划（见表 6-3）

表 6-3   基于风险偏好程度的避险计划

	特征	对避险计划的关注	建议较少资产配置	建议一般资产配置	建议较多资产配置
风险偏好程度高	追求高收益、高风险	少	贵金属、货币、粮食、保险	家庭教育、房产	金融产品
风险偏好程度中	关注资产的保值和增值	一般	货币、粮食	家庭教育、金融产品、保险	房产、贵金属
风险偏好程度低	追求财富的稳定和安全	多	粮食、金融产品	家庭教育、房产	保险、货币、贵金属

4. 家庭避险计划案例

家庭基本情况：张女士今年 35 岁，是一家银行普通职员，年薪 15 万—20 万元。她与现任老公是重组家庭，再婚两年。丈夫王先生今年 44 岁，是某民营企业高管，年薪 80 万—100 万元。两人婚后育有一子，今年 5 岁。王先生与前妻有一个 16 岁的儿子，并由王先生抚养。王先生打拼多年，在一二线城市有三套住宅房、一套商品房，最近市场行情不好，民营企业生存艰难，而王先生因为年纪渐长，已逐渐力不从心。两人再婚后，财务主要由张女士打理。张女士一方面觉得保证收益的银行存款和保本理财收益太低，想进行更多投资，甚至想海外置业并移民海外；另一方面家庭主要收入来源在于王先生，但是长期来看王先生的工作面临一定的不稳定性。目前夫妻二人有不动产价值约 2000 万元、存款理财等投资资金约 1500 万元。

考虑目前我国的宏观经济环境以及该家庭的自身情况，建议财富避险组合如下：

（1）建议张女士留一些储粮、家庭备用金、生活必备品和必要的生活保障险（大约 50 万元）。考虑到王先生是家庭财富收入的中流砥柱，因此建议主要以王先生作为被保险人，合理配置境内外保险，包括重疾险、寿险、意外险等。

（2）储备 150 万元左右的金条，买入 300 万元左右的外汇。建议张女士合理利用外汇管制额度，持续购入外汇，一方面为出国做准备，另一方面也有利于资产保值。

（3）张女士已有足够房产，但是建议卖掉1—2处房产，更加关注或者适当买入国外的房产，在抵御通货膨胀风险的同事为移民做准备。

（4）分散化投资风险。一方面，继续持有存款，银行理财等低分险产品（约500万元）；另一方面为了实现资产保值增值的目的，建议张女士尝试其他各类投资产品的多元化配置，包括优质股票基金、优质债券基金、不良资产投资基金等（大约500万元），在获取较高收益的同时分散风险。

第七章

家庭管理会计的进阶：
成功的家庭管理

　　家庭管理会计不是家庭管理的全部，家庭作为一个特殊的组织，与企业组织存在一定的区别。做好家庭管理会计的高阶阶段是追求成功的家庭管理。成功的家庭管理是为了实现家庭的发展，不仅仅是为了实现家庭财富的保值增值。但通过家庭管理会计以保障家庭财富的保值增值是成功家庭管理的基础。

　　在这个追求物质的时代，人要克服对财富单一的变态的追求。随着社会经济的发展，人们的心理压力越来越大，如果不解决好心理问题，会缺乏幸福感。如果能放松心情，愉快生活，不苛求，努力修炼提升自我，既要追求卓越，又不过分较真，自如自在，做能力范围内的事，回归生命的本源，生命的质量将大为提高。

成功的家庭管理需要卓越的家庭管理会计来保障实现，并且在很多方面体现在家庭管理会计的细节之中。

第一节　家庭教育

一、家庭教育的意义

教育不是消费，而是一种投资，通过对后代的教育投资，给孩子创造美好的人生，也决定了自己后半生的生活质量。教育需要提早做规划，大多数人的赚钱高峰是在 30—45 岁之间，这期间与孩子的教育资金支出是高度重合的，所以需要通过年金的形式提早做规划。

教育投资是投入教育领域之中，致力于培育不同熟练程度的储备劳动力和专业化人才并提升劳动力和专业化人才智力的货币表现。人类的劳动能力，尤其是智力能力的提升，主要是通过教育学习来获得的。社会和个人愿意在教育上投入很多的人力和物力，是因为教育投资可以使社会和个人从中受益。但由于投资主体方面的差异，各方关注的焦点也不相同：国家或社会在教育投资领域中，主要是从社会的效益方面去考虑，关注的是教育投资在社会生产和人民生活中的有益影响；但个人往往看重的是教育投资给个人收入所带来的提高。在现代的人事工资制度中，工资收入与学历的高低呈现正相关性，并且学历对干部聘任、职业发展以及各种技术职务职称的评定产生了重要的影响。总之，若接受过高等教育对就业会有一定的保障，并更可能对收入的提高和开启职业通道的晋升之路打下坚实的基础。个人去支付相应的教育投资费用是必要的且主动的。

二、教育规划的必要性

1. 优质的教育对个人而言意义重大

随着市场对优质的人力资本需求量井喷，能否接受到优质教育成为提升自身能力和适应市场变化的关键因素。在市场经济条件下，劳动者收入与受教育程度成正比。数据显示，文化程度越高的就业者，薪资水平越高，就业收入的增长也越快，教育在一定程度上具有社会分配和阶层分化的功能。很多人殷切地希望通过接受更优质的教育学习来获得政治、经济、文化和社会利益的改变，进而改善个人及子女的生活状态。

2. 教育费用逐年增强

人们对接受优质教育的需求逐年攀升，教育花销也持续提高，这也使得教育支出占家庭总支出的比重呈现阶梯式的增长。有关数据表明，36%的家长有意愿送子女出国留学。对大多数家庭来说，出国留学费用都是一笔不小的负担。我们通常用"教育负担比"来测算教育支出对家庭生活的影响。

教育负担比 = 子女教育金费用/家庭税后收入

我们看到，如果负担比高于30%就应该尽早准备。另外，由于学费成长比可能会高于收入成长比，所以按目前情况估算的负担比可能会稍低一些。

3. 高等教育金的特性

相比其他规划，孩子在教育方面的支出是最没有时间弹性与支出弹性的投资目标。从时间弹性来看，大多数孩子到了18岁就要念大学，届时父母需要准备好至少一年以上的教育支出，这一点与个人的购房规划以及养老规划都不同。对于这些规划，如果家庭财务状况不佳，可以延迟理财规划的实现时间，而教育规划则不允许这么操作。从支出弹性来看，高等教育的支出相对固定，不论各家庭的收入情况和资产状况如何，负担基本上是相同的，这与购房需求和退休养老等需求可以适当地降低标准截然不同。

从高等教育支出的准备时间来看，孩子步入大学的年龄为18周岁左右，此时家长的年龄通常为43周岁左右，距离家长退休时间大概还有15年，孩子教育费用支付期与家长退休金准备期重合度很高。为了解决这一问题，提早地进行教育规划是有重要意义的。

养育孩子一共要花多少钱？结果见表 7 – 1。

表中的结果既没有考虑物价上涨的因素，也没有考虑学费的增长情况。一般来说，如果考虑货币的时间价值，养育一个孩子直到出国留学、硕士毕业大概一共需要 200 万元。

表 7 – 1　　　　　　　　**养育一个孩子的花费**　　　　　　单位：元

项目	花费（按照一般标准测算）
怀孕时的营养费	10000
各种检查费用	5000
住院生产费用	10000
出生后每月生活费按 2000 元计算到 18 岁	432000
幼儿园按照每月 3000 元，3 年费用	108000
小学（包括特长班）按照每月 3000 元，6 年费用	216000
初中费用（含参考书费和补习费），按照每月 3000 元，3 年费用	108000
高中费用（含参考书费和补习费），按照每月 3000 元，3 年费用	108000
大学费用，按照每年 20000 元，4 年费用	80000
硕士出国留学费用，按照每年 200000 元，2 年费用	400000
合计	1477000

三、教育金的特性

1. 没有时间弹性

孩子到了义务教育阶段都要上学，不像家庭购房计划和个人退休规划，在家庭财力不允许的情况下可以延期。随着社会的发展，大学学位已经成为迈向社会工作的基本门槛，因为大学教育金没有时间弹性，所以要提早规划。

2. 没有费用弹性

购房规划和退休规划若财力不足可以降低生活品质要求，但是子女教育学费相对固定，不会因为家庭经济状况不同而有所差异。因为教育金没有费用弹性，所以要提前准备足额的高等教育金。

3. 持续时间长、金额大

对普通家庭来说，孩子教育每年支出的费用虽然不是很多，但是教育周期持续时间较长，孩子从小到大接近 20 年，总金额可能比购房费用还要多。另外，教育支出的成长率可能比普通的通胀率要高。由于学费成长率较高，学费需要的时间与金额又相对固定，因此应该以稳健投资为主。

四、教育金规划的原则

教育费用与届时的收入之间的比例叫作子女教育

金负担比。我们知道教育中学费的增长率可能要高于我们普通家庭的收入增长率，因此，届时的负担比可能会比现在的负担比要高一部分。如若不先行进行准备，面对巨额的教育金支出，双薪家庭可能会身心疲惫。部分家长还有让子女出国留学的美好愿景，那样会增加更多的支出，不提早进行规划的话，教育中的问题也会接踵而至。因此，对子女教育金规划一般要遵循以下原则：

1. 教育目标灵活化

父母望子成龙、望女成凤的心态会与很多孩子的兴趣能力产生不用的差异，而孩子在人生的不同阶段，其兴趣爱好和自身能力也随着时间在发生变化。因此，家长在规划最终教育目标时，应根据孩子自身的年龄特点，结合家庭经济的实际情况和抗风险能力来设定适合自己的理财目标。家庭要在教育目标的选择方面给予较大空间，可以给子女较宽松的选择余地，而不是刻意去塑造子女的兴趣爱好。当子女的兴趣爱好出现某种趋向时，家庭可以多引导、培养这种兴趣爱好的发展。子女教育金不像退休规划等可调节性较强，而且不同的孩子情况差异较大，因此，家长要寻找适合本家庭的教育金积累方式。

2. 规划时间提早化

子女教育金的设立和制定不仅仅是学费问题，还包含了子女的餐饮、交通、服装、教育、娱乐和医疗费用等多方面，如果把通胀因素再加进去，孩子的教育支出将成为千千万万的家庭中与购房同等重要的巨额消费，因此，我们应该认识到孩子教育规划的重要性和紧迫性，及早对子女的教育基金进行全方位的规划。在教育经费筹措方面，家庭应留有充分余地，避免因为经费的原因，使得原来的教育目标中途放弃。宁可多准备教育资金，届时多余的部分可以用作自己的退休准备金。

3. 投资渠道多样化

不同的子女需要不同的教育和培养，不同的教育，其费用相差很多。充分利用社会教育经费筹措渠道，比如奖助学金、国家和商业银行的教育贷款、教育保险、基金等。

4. 投资过程稳健化

由于缺乏时间弹性和费用弹性，因此，教育规划一定要保证在确定时间有确定的资金来源，生活中出现的投资失败、意外或重大疾病等因素都可能让储备教育金出现问题，为了确保教育金的安全性和稳健性，尤其对于那些子女刚步入大学的家庭来讲，这一点尤为重要。

五、教育金投资的工具

1. 购买教育年金保险

教育年金保险是针对少年儿童在不同成长阶段的

教育过程中需要提供的相应保险金。而目前市场上销售的教育年金保险，除了义务教育阶段和大学后的高等教育金以外，还囊括了工作以后的创业基金、婚嫁基金以及退休后的养老基金等，险种较为全面，可选性较强。教育年金保险的优缺点见表7-2。

表7-2　　　　　　　　教育年金保险的优缺点

优点	缺点
1. 强制储蓄。根据个人需求选择相应险种和金额。开始决心为孩子建立教育保险计划，每年就应该存入对应的金额，进而保证制定的计划能够顺利完成 2. 多次给付，回报期较长，可以提供意外伤害或疾病身故等方面的保障 3. "保费豁免"功能。如果投保的家长遇到危险，身故或者残疾，保险公司将豁免所有未交的保费，子女可以继续得到对应保障和需要的资助	1. 流动性不足。资金一旦投入，就要按约定日期支付，如果有较大的支出项目，容易受到影响 2. 投资报酬率不高，适合高储蓄能力的保守投资者 3. 遇到紧急情况，退保的损失较大

购买教育年金保险的原则如下：一是确定性。教育金是在固定时间里的固定支出，能否保证资金的确定来源是关键。二是安全性。生活中的任何意外都可能让教育年金保险计划失败，保证教育金的来源的安全性至关重要。三是稳健性。教育金是家庭中可预期的一笔重要支出，保证教育金稳健的收益是关键。四要早准备。越早准备教育金，所付成本相对较少，保

障作用也就更显著。

2. 投资稳健型基金

如果个人只是以财富增值为目的，而对保障类的项目没过多需求，筹备教育金则可通过投资货币市场基金、流动性较好的债券基金与平衡型基金等稳健型的基金来完成。对于大多数家庭来说，教育金的投资报酬率要高于 4%—6% 的学费成长率。单纯地依靠存款或货币基金、短债类的基金难以达成 4% 以上的收益率，可以采取基金定投的方式购买平衡型基金，将储蓄转化为投资。基金定投购买基金具有投资门槛低、管理水平高、利益共享、风险分散和投资灵活便捷等特点，它可以积少成多，分摊投资成本，分散投资风险，无论市场波动如何，总能获得一个相对低的投资成本。

3. 子女教育信托

家庭若有大笔资金，想送孩子出国留学，可以找一个境外的管理人管理资产，设立一个子女教育金的信托，明确投资标的的范围和预期收益率，让孩子作为信托受益人。

夫妻在婚姻发生变故时，可以将离婚前的共同财产或由必须给付子女抚养费的一方，找一个专业而独立的受托人成立子女教育金信托，将子女作为受益人，来完成未成年子女的教育保障。这种方式可以保证子女抚养金用来支付子女的成长与教育支出。

高收入的人群，往往有许多理财目标需要实现。为了避免各个目标相互冲突，可以有针对性地对每个理财目标设立独立信托，根据不同的实现时间与目标弹性，明确可接受的风险与预期收益率，寻找专业管理人管理这些信托账户，在这些账户中，最为重要的就是孩子的教育金信托和养老金信托。

第二节 家庭养老

变老是每个人都会经历的过程。养老规划是未雨绸缪，让我们在年富力强的时候储存希望的种子，保证年老的时候在不降低生活品质的基础上过上有尊严的体面生活。具体来说，我们要在有能力的时候就开始做退休养老规划，在阳光下深度思考，在风雨中闲庭信步。

一、退休养老所面临的风险

退休意味着收入的减少，而退休后的财务需求也呈现下降趋势，例如子女财务独立后不再需要父母提供经济援助，房贷已经还清等，但退休以后仍可能发生较大的财务风险。

假设实际的寿命远远高于预期寿命，则可能会因为前期存储的退休资金不足而不能满足退休后的生活需要。一方面，随着科技的进步，生活的改善，人类的寿命期望不断提高。另一方面，老年人所需要的社会服务成本也在不断提高，这就更加要求人们有效地做出预先的计划和安排。退休往往是预先知道的，个人和家庭可以在退休前做出充分的财务准备和安排，例如通过适当的个人投资、储蓄、购买商业养老金等方式来满足退休收入需求，社会保险和企业退休计划也是退休收入的两个重要来源。

1. 来自人身方面的风险

（1）长寿导致的养老金不足。

由于预期余寿高于客户的预期，可能导致养老金需求计算不足以弥补实际发生的养老支出成本。

（2）疾病导致的健康损失和医疗费用。

如果客户家庭成员发生疾病导致健康损失，医疗成本就会上升，一方面医疗费用上升会导致养老金需求上升，另一方面疾病影响工作会导致养老金供给减少，综合作用就是养老金赤字的增加。

（3）职业生涯的不确定性。

养老金供给和家庭资产配置等退休规划分析都需要考虑职业生涯带来的当期收入和延期收益。如果职业生涯发生变化，则家庭收入、家庭储蓄、支出都会受到影响，很多延期收益和保障项目也会产生影响。因此，理财要综合考虑各种因素，做好职业生涯规划，定期评估调整退休规划，应对职业生涯的不确定性。

（4）家庭养老方式的转变。

家庭生活方式和家庭成员的变化也有可能影响到退休规划。我国已经不可逆转地从"多子年轻社会"向"少子老龄化社会"转变。2018年我国全年出生人口为1523万人，是1961年以来的最低水平。2019年预计全年出生人口在1100万人左右，继续下降。依靠配偶和儿女的传统家庭养老模式不能适应现阶段的养老需求，各类社会养老服务模式日渐成熟。

2. 来自政府和社会方面的风险

（1）转轨时期的政策风险。

国家的税务、社保、金融等方面的政策如果改变，都有可能影响退休规划，需要对国家政策法规有充分的评估，趋利避害。

（2）社会保障不足的风险。

政府提供的延期收益包括基本养老保险、医疗保险、住房公积金等，但是仅仅依靠政府是远远不够的，可以借助投资理财和商业保险补充缺口。

3. 来自经济方面的风险

（1）经济衰退的可能性。

考虑经济下行的风险，进而对客户收入、储蓄、收益率产生影响。

（2）通货膨胀的风险。

通胀的影响会极大地反映到客户的养老金需求中，

包括对家庭当期和未来支出的变动以及退休后支出的估计，进而影响养老金总需求的评估和计算。

（3）投资风险。

针对退休规划的养老储蓄和其他资产进行投资运作，以弥补养老金赤字，在运作中需要充分考虑投资风险。

二、退休养老规划

退休养老规划是为了保证客户在将来有一个自立的、有尊严的、高品质的退休生活，而从现在开始积极实施的理财方案。退休后能享受高品质的生活是一个人一生中最重要的财务目标，因而，退休养老的规划是整个个人财富规划中不可或缺的重要组成部分。合理而有质量的退休养老规划不但可以满足退休后的生活支出，还可以让个人资产保值增值。退休养老规划实际上协调的是即期消费和远期消费的关系，或者说是衡量即期积累和远期消费的关系。

三、退休规划的影响因素

退休规划时间长、范围广、综合性强，涉及个人一生的财务和健康状况，因此不可避免地要受到社会因素和个人因素的影响。

个人因素包括退休时点、预期余寿、健康状况、供养人口、消费期望、风险偏好等。

　　社会因素包括经济政策、税收政策、社保政策、通胀率、社评工资增长率、贴现率等。

　　从收入的角度来看，个体的劳动收入来源减少，一般主要靠养老金，而养老金替代率不充分。个人养老保险替代率，是衡量劳动者在退休前后生活保障方面差异的一项基本指标，它是通过计算劳动者在退休时养老金领取数值与退休前的薪酬收入水平比而得出的。2015 年 6 月，我国人力资源和社会保障部发布的《中国社会保险发展年度报告》中指出，养老金的替代率为 66%，即仅通过养老金的获取，退休后的养老金的领取水平仅为退休前工资收入的六成。另外，尽管新的劳动者队伍为社会保障和养老金计划提供源源不断的资金，但现实情况是社会保障与养老金也可能出现资金缺口，会不同程度地影响养老金的支取。

　　从支出的角度来看：其一，预期寿命的延长，对养老费用的需求增加。随着社会的进步、经济的发展、人民生活水平的提高以及医疗卫生保障体系的完善，国民整体健康水平有了较大幅度的提升。世界卫生组织于 2015 年 5 月发布的《2015 年世界卫生统计报告》显示，全世界人口预期寿命较以往有所增长，全球人口预期寿命为 71 岁，其中女性 73 岁、男性 68 岁，而这一数据与 1990 年男女出生期望寿命相比各增长了 6 岁。中国人口预期寿命是 75 岁，其中男性 74 岁，女性77岁。寿命的延长说明生活水平的提高、文明的进步，但是也意味着人们需要在退休之前有更多的储蓄和更好的规划。而且寿命随着时间的推移而增加，同样增加的还有它的不确定性，这为退休规划增加了更多的复杂性：你如何知道你的储蓄是否存续那么久以维持你的退休生活？你每年应该安排多少钱以供消费？你如何规避寿命的不确定性等问题。

其二，养老规划要避免货币幻觉。"货币幻觉"这个概念最早由美国经济学家欧文·费雪提出，它是指人们只是对货币名义价值做出反应，而实际却忽视了实际购买力变化的一种心理错觉。养老规划涉及的时间较长，对养老金数量的确定，很多人可能会忽略通胀率的影响，产生货币错觉。在消费物价指数为3%的情况下，现在的100万元，10年后只相当于74.41万元，20年后相当于现值的一半即55.37万元，30年后41.20万元，40年后30.66万元。因此，由于通胀的侵蚀，已有的资本会越来越缩水，应采取各种工具和方法尽量使其保值增值。

其三，其他不确定性的因素也会影响支出，比如，市场利率的变动，个人和家庭成员的健康状况，医疗保险制度，教育规划与退休规划时间重叠产生的冲突等。

总之，退休养老规划，是通过一套科学、系统的程序来保障退休资金的充分积累。如果方案制定得比较合理并且得到顺利执行，未来的退休生活才有可能得到保障乃至取得优厚的回报。

第三节　家庭医疗

一、健康损失风险分析

健康风险包括疾病和残疾风险，他们对个人家庭产生的经济影响主要表现在收入损失和高额医疗费用风险两个方面。收入损失风险是指疾病或残疾使个人失去一时甚至永久的收入能力，即丧失生命的经济价值；医疗费用风险是指个人遭遇疾病或身体伤害可能给家庭带来巨额的医疗费用以及其他增加的附加费用，如长期护理费用的可能性。

在人类面临的各种人身风险中，疾病风险是一种直接危及个人生存利益，可能给家庭造成严重危害的特殊风险。首先，疾病会给个人的生活和工作带来困难，造成损失，甚至使人失去生命；其次，疾病对个人或家庭而言都是无法回避的；最后，疾病的种类繁多，引起疾病的原因复杂多变，生活方式、心理因素、环境污染、社会因素等多种因素都可能引起诸多难以认识和消除的疾病。疾病和残疾都会使家庭遭受收入损失和医疗费用增加的双重威胁。如果患病或残疾者是家庭的主要收入者，则家庭财务压力将骤然增大。

二、医疗保险

医疗保险有广义和狭义之分。狭义的医疗保险是指以保险合同约定的医疗行为的发生为给付保险金条件，为被保险人接受诊疗期间的医疗费用支出提供保障的保险，它具体包含医疗费、手术费、药费、门诊费、护理费、检查费、住院费等。其中可以是针对部分的医疗费用的基本给付，也可以包含范围广泛的综合性给付。给付可能直接给付给医疗机构，也可能实报实销付给被保险人。而广义的医疗保险与健康保险同义。另外，由于经营主体的不同，医疗保险分为社会性的和商业性的，两者关系密切，在我国同为医疗保障体系的重要组成部分。

三、家庭医疗的意义

《世说新语·雅量》："鸡猪鱼蒜，逢著便；生老病死，时至则行。"佛教认为人生有四苦，即出生、衰老、生病、死亡。生老病死是人生定律，风险无处不在，我们要做的是尽可能地趋吉避凶，化解风险。

从个人的角度来说，重疾和意外都是发生概率小但后果严重的风险，而普通疾病是发生概率大但后果较为可控的风险，对于这两类风险我们要区别对待。

　　重疾和意外可以通过保险的方式来规避风险，测算出自己对于风险发生后需要的保障资金，然后减去社保报销后的资金缺口，这就是商业保险需要购买的保额，再根据家庭财务状况来选择保费缴纳方式，期缴或者趸交。

　　普通疾病在商业保险中一般被称为医疗险，主要是用于平时的小病门诊和住院补贴，可以根据自身的健康状况来选择。如果认为自身的健康状况良好，家庭财务和社保也完全可以覆盖普通疾病，那就可以不配置医疗商业保险；反之，可以按需配置，更好地防范风险，保障生活幸福。

四、医疗保险类别

　　医疗保险和其他类别的保险一样，是以合同的方式提前向受到疾病困扰的人收取医疗保险费，建立医疗保险基金；当被保险人患病并去医疗机构就诊而发生医疗费用后，由医疗保险机构给予一定的经济补偿。因此，医疗保险也具有保险的两大职能——风险转移和补偿转移，即把个体身上的由疾病风险所致的经济损失分摊给所有受同样风险威胁的成员，用集中起来的医疗保险基金来补偿由疾病所带来的经济损失。

　　目前，商业保险公司推出的医疗保险产品种类繁多，大致有以下几种类别：

1. 住院医疗费用保险

该险种为特定的住院费用提供保障，通常可以单独投保，保障范围包括手术费、检查费、医院杂费等。通常规定每日的给付限额、免赔天数和最长给付天数，保险人只负责承担超过免赔天数而未超过最长给付天数的住院费用，其主要目的是防止道德风险。

2. 手术费用保险

该险种是为被保险人在患病治疗过程中进行必要的各种大小外科手术而消耗的医疗费用提供保障的医疗保险，保险人负责的主要是所有手术费用。它既可以作为独立险种，也可以作为住院费用保险的一项附加险。

3. 门诊医疗费用保险

该险种为被保险人的门诊治疗费用提供保障的医疗保险，门诊费用主要包括检查费、化验费、医药费等。

第四节　居住规划和职业发展规划

一、居住规划

居住规划包括租房、购房、换房与房贷规划。居住规划是否合适，对家庭资产负债状况与现金流量会产生重要的影响。购房是人生大事，购房的首付费用和后续还贷费用，对整个家庭现金流以及生活质量的影响将长达多年。购房如果不事先规划，就可能出现以下情况：陷入低首付款的陷阱，买自己负担不起的房子；没有考虑未来的收入与支出变化，购房梦功败垂成；没有居住规划的观念，难以拟定合理的行动计划；若没有一个具体可行的购房规划，很难强迫自己储蓄；若不事先规划购房现金流，无法选择最佳的贷款组合。租房和购房的优缺点见表7-3。

表7-3　　　　租房和购房的优缺点

	租房	购房
优点	1. 有能力使用更多的居住空间 2. 租房能应付家庭收入的变化 3. 租房资金比较自由，可寻找更有利的运用渠道 4. 租房有较大的迁徙自由度 5. 房屋瑕疵或毁损风险由房东负担 6. 租房者的税费负担较轻 7. 租房者不用考虑房价下跌风险	1. 对抗通胀 2. 强迫储蓄累积实质财富 3. 可提高居住品质 4. 有信用增强效果 5. 满足拥有自用住宅的心理效用 6. 自住兼投资，同时提供居住效用与资本增值的机会
缺点	1. 有非自愿搬离的风险 2. 无法按照自己的期望改装房屋 3. 房租可能调高，房客对居住成本上升只能被动反应 4. 无法运用财务杠杆追求房价差价收益	1. 缺乏流动性 2. 维持成本高 3. 有赔本损失的风险

二、职业发展规划

21 世纪什么最贵？人才最贵。对自身职业发展能力的投资决定着未来的赚钱能力。职业发展也是一种教育，是自身教育，终身学习。它不是消费，而是一种投资，决定了一生的生活幸福程度，不管是从物质层面还是从精神层面。建议每年拿出家庭年收入的 10% 进行职业发展投资，比如专业培训、职业认证资格证书考取。这项投资应该贯穿整个职业生涯，尤其是在 25—45 岁的职业发展上升期和稳定期，在 25—35 岁的职业发展上升期的投资比例甚至可以达到 10%—25%。即便对于刚步入职场的年轻人，收入捉襟见肘，但仍然应该不遗余力地进行这项投资，这决定了职场后劲，一定要处理好眼前利益和长远利益之间的关系。在 35—45 岁的职业发展稳定期，对职业发展的投资仍然是必要的，只不过投资的形式更加多样，随着职位的晋升、薪水的提升和社会地位的提高，多元化社交、各类学习、同业交流与俱乐部的形式都成为培训与学习的机会。

第五节　家庭心理咨询

一、心理健康的概念

心理健康是相对于生理健康而言的。心理健康也叫心理卫生，其含义主要包括两个方面。

一是指心理健康的状态，即没有心理疾病，心理功能良好。即能以正常稳定的心理状态和积极有效的心理活动，面对现实的、发展变化着的自然环境、社会环境和自身内在的心理环境，具有良好的调控能力、适应能力，保持切实有效的功能状态。

二是指维护心理的健康状态，亦即有目的、有意识、积极自觉地按照个体不同年龄阶段身心发展的规律和特点，遵循相应的原则，有针对性地采取各种有效的方法和措施，营造良好的家庭环境、学校环境和社会环境，通过各种形式的宣传、教育和训练，以求预防心理疾病，提高心理素质，维护和促进心理活动的这种良好的功能状态。

上述两个方面构成了心理健康这一概念的基本内涵。

二、心理健康的标志

世界卫生组织认定心理健康具有以下五大标志：

一是有良好的自我意识，对自己的优缺点保持良好心态的认知，对自己保持自尊、自信，而又不因自己的缺点感到沮丧，甚至自暴自弃。

二是坦然面对生活，有较好的自控能力，要有崇高的理想，又能正确地对待生活中的困难，保持良好的心态。

三是保持和谐的人际交往，在与人相处的过程中，要常怀感恩之心，能认可别人，包容他人的优点与缺点。

四是处事乐观，满怀希望，始终保持一种积极向上的进取态度，保持微笑，能给自己带来快乐的同时也能给别人带来快乐。

五要对生活充满激情，珍爱生命，有人生的理想与追求，通过自己来带动周边的人，让大家共同为美好的生活而奋斗。

三、心理健康的意义

心理健康关乎自身的健康，更关乎整个家庭的幸福指数。心理健康是指一种持续且积极向上的心理状态，在这种情况下，主体成员能适应并且充分发挥它的身心潜能。

1. 利于社会家庭和谐

近年来，心理问题引起的犯罪率在逐年提高，其根源在于从小到大的人格发展过程中的一些缺失与偏移引起的一系列心理问题。心理健康、人格健全，是保持家庭和谐、稳定的重要基础。

2. 能提高做事效率

感觉、知觉、记忆、想象和思维等都是心理活动的一部分，这些活动中还包含了不同的分支。熟悉知识以及对技能和道德品质的学习，是在这些心理活动的调节和支配下进行的实践活动。了解这些规律不仅可以避免平常生活中的误区，还可以运用这些规律更大限度地开发潜在的效能。

3. 能促进人的全面发展

心理健康不仅可以加快人的全方位发展，还是在工作岗位上充分发挥智能水平、积极从事社会工作以及不停地向更高层次追求的重要因素。人的心理健康状态也直接影响和制约着其未来的全面发展。

四、如何保证家庭心理健康

1. 时刻保持积极乐观的情绪

我们要学会热爱生活，热爱自己的本职工作，善于在日常生活中找寻属于自己的乐趣。即使是做些家庭琐事也不应视为负担，反而应该带着欢愉的心情去做，例如做饭，可以不断学习新做法，享受现代烹饪的乐趣。在日常工作过程中要学会不断创造，在进取中实现自己的价值，不断追求成功。

2. 善于缓解不良情绪

当生活中遇到困难，可以多与别人交流，把心中的烦恼与困惑及时讲出来，释放消极的情绪，重新融入积极的人群中，使快乐常伴自己的左右。

3. 宽以待人，胸怀大度

本着理解、宽容、信任、友爱等积极的为人处世之道与人相处，也会得到快乐的情绪体验。当被人误解时，不要计较，等到对方知道真相后反而会更佩服你，这种宽容的方式也有利于营造良好的心境。

4. 要有广泛的兴趣爱好

如体育、旅游、书法等，全身心地投入其中，与好友分享其间的乐趣，既能增长知识，又能广交好友，扩大视野。当遇到困扰心情不好时，高尚的兴趣爱好也能化解心中的不悦。

5. 培养生活中的幽默感

除了严肃和正式的场合外，在与朋友、同事乃至家人的相处中，幽默的语言可以活跃气氛、融洽关系，在一阵郎朗的笑声中，大家都能愉悦身心。

第六节　家庭财富自由之路

一、谋划人生财富

在人一生的收入支出曲线中（见图 5 - 2），少年期支出大于收入，壮年期收入大于支出，老年期支出再次大于收入。而退休养老规划就是让盈余来弥补亏损的过程。在盈余弥补亏损的过程中，有以下几个因素需要考虑：家庭结构、预期寿命、退休年龄、退休后的资金需求、退休后的收入状况、客户现有资产情况、通胀率以及退休基金的投资收益率。

从出生到就业的第一阶段（少年期）没有收入，因此"支出 > 收入"。但好在这一阶段是属于"抚养期"，即是"衣来伸手、饭来张口"的阶段，不需要自己承担生活压力。

从就业到退休的第二阶段（壮年期）属于"收入 > 支出"，开始工作有收入来源了，可以开始畅饮吃肉。但许多人感到理想被冷冷的雨无情拍下。这阶段属于"高责任期"，现实面前有三大笔开支。

第一笔大开支就是结婚开支，在有限能力下要量力而行。第二笔大开支是养育子女。可怜天下父母心，总想为下一代提供最优越的条件。从最基础的计算来说，包括从怀孕时期到就业前的各种早教班、补习班、教育费用等。第三笔大开支是养育父母。养育父母只能变成心意，能养活自己不让父母贴钱操心已经是难得。给父母每个月零花钱还不够父母给的一个红包大。这种啃老现象虽已成常态，但也无奈。

在"收入＞支出"的"高责任期"，作为80后90后的工薪阶层，兢兢业业地打工（年收入还得是10万元以上）或做个小老板，才能勉强可以在"上有老，下有小"的阶段熬过去。而这一阶段一熬就得熬30年。在这个"高责任期""房贷""车贷""子女开支""日常开支""养育父母"这些开支已经压得他们喘不过气，到手工资没捂热就大部分转手还贷，更别谈储蓄了。同时，在这个"高责任期""失业""生活压力""病不起""父母健康"等风险也已经让80后90后力不从心。一旦失业，就没有了收入来源，房贷、车贷就开始累积。一旦生病，收入来源也没了一大部分，同时还有生病带来的开支。因此，从个人到家庭，在相对应的家庭生命周期中需要提前做好理财规划，见表7-4。

二、科学配置资产

家庭财富来源于家庭资产的高效配置。在家庭管理会计理念中，家庭资产配置要秉持科学和专业的

表 7 – 4　　　　　　不同家庭生命周期的理财重点

周期	形成期	成长期	成熟期	衰老期
保险安排	随着家庭成员的增加提高寿险保额	以子女教育年金储备高等教育金	以不同养老险或年金产品储备退休金	投保长期看护险受领即期年金
理财目标	购房置产	子女教育	退休养老	遗产规划
核心资产配置	股票70% 债券10% 货币20%	股票60% 债券30% 货币10%	股票50% 债券40% 货币10%	股票20% 债券60% 货币20%
信贷运用	信用卡 小额信贷	房屋贷款 汽车贷款	还清贷款	无贷款

态度。

1. 资产配置策略

资产配置策略一般取决于个人的风险偏好需求和分散投资的要求。决策本身的复杂性源于资产配置的不同机制，有的希望改进投资组合的收益分布，有的则倾向于选择市场时机。资产配置可以分成战略资产配置与战术资产配置，其中战略资产配置的投资周期比战术资产配置的投资期限更久。

（1）战略资产配置。

遵循均值—方差准则，追求长期平均回报，即以某种方式将资产组合在一起，来满足投资者在一定风险范畴内的最大收益目标。由于它涉及一个很长的时间范围，所以被称为战略资产配置。

一是购买并持有法。寻找适当的资产组合，并能在3—5年的投资周期适当持有这种组合。对长期投资来说，这种策略是消极的，虽然能够降低交易成本及管理费用，但不能完全反映市场环境的变化。

二是恒定混合法。此种方法是按照长期保持各类资产在投资组合中的恒定比例而设计的。为维持此种投资组合，要求在资产的价格进行相对变化时，进行定期地再平衡和交易。战术性资产配置可以被看作是恒定混合法的一种衍变。它不仅仅是一种机械的法则，而是在配置战略中坚持以估值评价为基础。

三是投资组合保险。此种方法具有动态性，因此对再平衡和交易的程度要求也较高。它可以在获取股票市场的高预期收益率的同时，锁定下跌风险。

这三种方法都有明显的特征（见表7-5），并能给投资者带来特定的投资回报。可是我们无法确定哪一种方法明显优于其他方法，在家庭决策中要相机取舍。

表7-5　　　　　　　　三种策略的简单对比

策略	市场下降/上升	支付模式	有利的市场环境	需要的流动程度
购买并持有	不行动	直线	牛市	小
恒定混合	下降购买，上升出售	凹	易变，无趋势	适度
投资组合保险	下降出售，上升购买	凸	强趋势	高

（2）战术资产配置。

战术资产配置是一种积极的资产管理方式，即在固有的战略资产配置策略前提下，当某些资产在一段时间内出现套利机会，通过改变这些资产的配置来提高投资组合收益，完成套利后再恢复到原来的配置比例。

套利一般都依靠"均值回复"原则。假设股票市场的平均市盈率明显低于估值的历史平均水平，则可以加大股票资产的投资，当股票市场平均市盈率回归到历史正常水平，就有可能获取额外收益。套利一旦结束，战略配置回到初始模式。套利机会也可能会出现在资产价格相对高估或低估的情况下，这时可以卖出相对估值过高的资产同时买入相对估值处于洼地的资产进行套利。套利模式一旦结束，则重新回到战略配置。战术自查的配置策略要做大量的统计数据分析，评估各类资产的收益率以及他们之间的相关性，一旦出现套利机会，可以通过适当的投资组合来获得额外的收益。

2. 资产投资策略

（1）消极投资方法。

此种方法认为在市场有效的前提下，试图实现一个与能稳定超过市场平均收益率的投资进行对比。消极投资策略普遍认为降低投资中的研究支出和交易成本更为重要。

消极投资策略分为以下三种：

一是买入并持有策略。在某一阶段买入一组股票后就在投资周期内长期持有该类股票，降低交易频率。

二是局部风险免疫策略。消除局部投资的风险是通过分散投资的方式来完成的。多板块的投资组合可在一定程度上降低因板块轮动效应带来的收益波动风险。

三是指数化投资策略。该投资组合是通过严格跟踪某个板块指数来获取该指数的投资收益，以此作为最终的投资目标。

（2）积极投资方法。

积极投资方法分为自上而下与自下而上两种方式。其中，自上而下的方法是先研究股票市场的总体趋势，再进行行业选择，在筛选的行业内选择意向股票进行投资，主要分为三种：资产配置，通过对市场研判和风险溢价的评估，将资产分别投资于股票、债券等领域；行业配置，通过对行业前景及周期的分析，来确定在各行业中的投资比例；自下而上注重个股选择，来寻找估值处于洼地的品种。

（3）程序化投资计划。

程序化投资是通过设立的程序模型来防止因个人因素干扰投资过程，例如基金定投中的红利再投资。此类策略在波动性较大的市场环境下降低股权和固定收益证券的交易成本是十分有效的。

具有代表性的是固定区间定量投资，包括：定期定量，即投资者利用固定区间定量投资方法，每月通过定期的方式购买定量的共同基金；定期定额，即每月通过定期的方式购买定额的共同基金。

三、驶向幸福人生

假如生命像一辆汽车在蜿蜒的道路上前进，历经就学、就业、成家直至退休，那么生涯规划和理财计划可以说就是推动人生之旅的两对转轮，而理财目标是贯穿、结合转轮的主轴，也是指导前进方向的行程图。

生涯规划主要包括 4 个环节：事业规划、家庭规划、居住规划和退休规划。而理财计划也主要包括 4 个环节：投资规划、信贷规划、保险规划和税收筹划。家庭主要的理财目标包括：短期是国内外旅游、购置汽车；中期是结婚准备金、购换房基金及创业基金筹措；长期是子女高等教育基金和退休基金筹措。

"家庭号"汽车要在人生之路上顺利行驶，除了要有明确的行程路线图即理财目标来标示何时停靠何站，何时多载一个家庭成员外，两对转轮各个环节的规划也缺一不可。外在环境的变化可以看作人生旅途中的不同路况或阻碍，但只要车上的家庭成员能同心协力，掌握住各项规划的原则，针对特殊状况发生的可能影响做好事先预防及事后调整，就可以克服旅途的颠簸，顺利到达目的地，成就幸福美满的人生。

　　家庭成员面对社会现实的时候，不同人群由于财富地位等方面存在巨大的差异，许多人会觉得受到不公平的待遇。虽然不公现象也客观存在，但仍应肯定我国的社会治理能力和治理体系在不断完善和进步，许多人通过自身的奋斗，改变了人生的轨迹，创造了辉煌。上天给每个人的时间和机会是平等的，人生苦短，发愤图强，时间永远站在正者和强者一方。成功家庭在精神上强调和追求的是家庭氛围的乐融融、家庭成员的互相尊重、家庭价值观的高度一致，体现出强劲向上的正能量。把不忘初心，自觉践行"富强、民主、文明、和谐，自由、平等、公正、法治、爱国、敬业、诚信、友善"社会主义核心价值观，作为家庭的奋斗目标，为实现中华民族伟大复兴不断努力求索。

后　记

　　家庭管理会计简论的创作暂时告一段落，在写作过程中其涉猎范围的不断加大，超出作者最初的想象。我与金融领域相关的专家张昱乾、翟盼盼以及中国财政科学研究院、重庆理工大学、北京工商大学的学者张耀文、宋蔚蔚、杨宏恩、赵好婕、孔子昂、赵彦红、李伟、贾洪彬、祁焕露共同完成此书。本书在创作过程中得到领导、同事及专家的大力支持和鼓励，特别要感谢财政部原党组成员、部长助理、中国总会计师协会会长刘红薇，财政部国防司原司长李林池，中国人保集团首席财务官周厚杰，江苏省政府参事蔡润，南京大学财务与会计研究院院长杨雄胜教授，中国人民大学支晓强教授，《金融时报》社邢早忠社长，中国建银投资有限公司监事长张宏安等，他们给予了无私的指导和帮助，他们的许多精彩观点也融入著作中，因此可以说这本专著是集体智慧的结晶。本人期望这本著作能够为广大民众在当前经济下行压力不断增大的情况下，保持理性的观念、采取科学的手段，提高家庭财富管理水平，实现家庭价值最大化，成为满足人民日益增长的美好生活需要的重要物质和精神的保障；也特别期望本书能够成为高等院校、职业院校学科建设及教学的重要参考，成为商业银行、理财公司、证券公司、基金公司、信托公司、保险公司及私募公司家庭财富管理从业者的重要管理工具。但许多问题不是本书能够涵盖的，需要在今后的研究中逐步加以完善。我将与之相关的人生感悟作为本书的结束，希望能够对社会各阶层的不同人士有所帮助和启迪：

1. 知识改变命运。千百年来的历史证明，知识可以改变命运。读书可以获取知识，尽管我们周围可能有很多读书人找不到工作的失败案例，但是我们仍然要坚信这一点："天下无难事，唯有读书高。"隋朝推出了科举制度，寒门子弟有了出头之日，通过科举步入仕途，得到了发展机会。千古如是。

2. 追求美好成功。强烈的成功愿望会导致成功，一个人或者一个家庭，在人生中尽可能抓住机会走正确的路，信仰美好成功，走向成功。但谁也没有可能永远把所有的事情都做对，也不可能抓住所有的机会。所有的成功，都是努力和失败堆积起来的，不存在一帆风顺的成功。人生可能经历诸多挫折和不公，但仍要相信善良和正义。梦想和信念都需要通过努力奋斗来实现，时间永远站在正者和强者一方。

3. 敬畏因果辩证。无数的事实证明，因果关系是存在的。万事有因果，每一个人都要为自己的行为付出对价或取得收益。当对一个帮助过你的人提供帮助时往往很易达成目标。常人拜神求的是官和财，为的是个人，付出的是几元、几十元、上百元，千元就是重量级的付出，而求得回报则是升官发财、收获巨大。这些利己的念想，求了也白求。

4. 常念感恩回报。树立正确的人生观至关重要。尽量要忘记你对别人的帮助，要时常挂念帮过你的人，念叨帮过你的事，有能力时尽量予以回报。组成家庭时，要回归人性的本源，彼此好感，无条件愿意彼此付出是先决条件，其他的都是辅助条件。回归璞质家庭，稳定的家庭是财富创造的后盾。

5. 占住机会高地。房价高的地方，往往是发展机会多的地方。"经济人"会做出最优选择，而年轻人向房价高的区域聚拢是正常的现象。对于高收入、高学历、工作稳定的年轻人来讲，应该增加杠杆抓紧购置刚需房产，占领机会高地。通货膨胀可以对冲相应的杠杆风险。

6. 宽以待人助人。有钱人永远不与穷人计较钱，计较了对方可能急。对方向你借钱时，不必指望他还你，所以即便借与，也不要指望对方还你，因而可以不借。但如果有交情，即便不借，要尽量在能力范围内和心理可承受范围内给予资助。

7. 父母爱子要为之计深远。家风的传承，文化的积淀，是一个家族培养合格继承者必不可少的过程。多数家长教育有子女的时候往往能够要求他们做正派的人，但让他们遇到危险时躲着走，要保护自己的生命。要求子女遇到危险时敢于担当迎难而上是形成高贵品格的思想基础。善于发现子女的长处加以弘扬而非磨灭其心志，循循善诱其改正缺点纠正错误而非横加指责。平凡的父爱母爱同样伟大，有钱没钱日子都要过，快乐健康是根本。

8. 重视备灾防患防衰老。家庭财富管理尤其要防范家庭成员的精神衰老。2000年左右，我总结了人衰老的三个标志，即同时具备以下三个标志的人就是老了：一是总提自己辉煌的过去，不提失败的经历和教训；二是从来不认为自己有对不起别人的地方，想到的都是别人对不起自己的地方；三是看别人做什么事情都认为别人做得不够好，但要自己干，也干不了。领导干部或有成就的人切忌故步自封。一个人往往认为他的生命会很长而缺乏备灾意识，多数人连半年的眼光都没有，更罔谈长远预测。家庭、个人一定要有备灾意识，不要认为灾祸离我们很远。实践证明，传统备灾品，包括黄金、硬通货货币还有粮食等，仍是有效的备灾防患保障。

9. 家庭需要全面高质量发展。绝大多数家庭在发展中是没有规划的，很少将家庭作为一个正式的组织或者概念来对待，而更多的是感性的认知。其实，和企业的发展一样，家庭的发展也是需要有所规划。家庭要控制发展的欲望，既要抵御花花世界的各种诱惑，又要抵御对社会、对环境资源无度地索取欲望，实现的发展是全面的、有控制的、高质量的发展。

作者

2019 年 12 月 26 日